JN009023

汽水湖の恵み

シジミ物語

まえがき

本書は、２０１５年9月から17年3月までの1年半、毎週1回（当初は隔週）で計66回にわたって島根県の地方紙「山陰中央新報」に連載された「シジミ物語」の記事をまとめたものです。

この連載の終了後、さらに多くの人々にシジミの生態や漁業について知っていただきたいという思いで、18年に「シジミ学入門」（山陰中央新報社）、さらに22年には「ヤマトシジミの生物学」（山陰中央新報社）を出版しました。

その後、久しぶりに、その時の掲載記事のスクラップファイルを見る機会がありました。当時、毎週の締め切りに追われながら、必死で原稿を書いていたことを懐かしく思い出しました。

それと同時に「シジミ学入門」と「ヤマトシジミの生物学」に比べて、「親しみやすく」「分かりやすい」のではないかという思いを強くしました。

そこで思い切って、異なる角度から66個ものテーマで書いた新聞記事を、そのまま一冊の本にまとめて出版するのも面白いのではないか、という私のわがままを山陰中央新報社に相談させていただいたところ、快く承諾していただき、このたび発行に至りました。

本書により、いま一度、シジミについて知っていただき、一人でも多くの人が、シジミに興味と関心を寄せて頂ければ私の望外の喜びです。

目次

〈中村　幹雄〉

□1■

プロローグ　かけがえのない贈り物

私は、ヤマトシジミほど素晴らしい生き物を見たことはありません。

ヤマトシジミは全国の湖沼・河川において、アユやワカサギを抑えて最も多い漁業資源です。そして、全国のシジミ漁業で宍道湖は、ダントツで1位の漁獲量を誇っています（2014年度は3448トン、全国の35・12％）。

また、宍道湖の魚種別の漁獲量は、驚くことに98％がシジミです。つまり、宍道湖の漁業はシジミによって支えられ、シジミがいなければ成り立ちません。

さらに、宍道湖の湖底に生息する底生生物の99％以上がシジミなのです。従って、宍道湖の生態系における物質循環において、シジミは最も重要な役割を担っている生物と言えます。

そしてまた、シジミのみそ汁やすまし汁は、日本の食文化そのものであり、日本の味、おふくろの味、郷土の味、そして庶民の味でもあります。

シジミが体に良い食べ物であることは、実は江戸時代から知られています。近年は科学的にも証明され、

宍道湖漁獲量の98％

新聞や広告などで盛んに宣伝されるなど、高い評価を得ていることは、皆さんもご存じだと思います。

このようにシジミは日本の貴重な漁業資源であり、宍道湖の主要な生物種であるだけでなく、食べ物としても価値が高いという素晴らしい生き物なのです。

私は、このシジミに魅せられ取りつかれて、島根県の内水面水産試験場と、退職後に自ら設立した日本シジミ研究所で40年以上、漁業者をはじめ多くの方々の協力を受け、シジミの調査・研究を続けてきました。

「シジミ物語」では、長年の調査・研究で得られた知見を基に、ヤマトシジミはどういう生き物か、なぜ宍道湖にヤマトシジミがたくさんいるのか、そして何を食べてどのように生活しているのかなど、ヤマトシジミのさまざまな特性に関して、できる限り分かりやすくお話していきたいと思います。

汽水湖からのかけがえのない贈り物であるヤマトシジミの素晴らしさや、シジミが私たちにもたらす恵みについて、ぜひ皆さんに知っていただきたいと思います。

◇　◇

全国1位の漁獲量を誇る宍道湖のシジミ。暮らしに密着した「郷土の宝」の特徴や生息環境、食べ方、守り伝える意義について、日本シジミ研究所（松江市玉湯町林）の中村幹雄所長（73）＝水産学博士＝に解説してもらいます。

＝隔週掲載＝

宍道湖でシジミ漁をする漁師（資料）

なかむら・みきお　松江市出身、北海道大学水産学部卒。島根県内水面水産試験場場長などを経て、2002年に日本シジミ研究所を設立した。主な著書は「日本のシジミ漁業」「宍道湖と中海の魚たち」など。

2015年9月9日付掲載

＜中村　幹雄＞

□2■

宍道湖はヤマトシジミ

日本に生息しているシジミ属はヤマトシジミ、マシジミ、セタシジミの3種です。よく見比べてみてください。外観はかなりよく似ています。しかし、生態的な面は非常に大きな違いがあります（図参照）。

このように大きな違いがあるので、単に「シジミ」とひとくくりには扱えません。ヤマトシジミを知るためには、これらの3種の特徴をよく理解することがまず大切です。

3種の大きな違いは、生息場所と繁殖生態です。

ヤマトシジミは、淡水と海水が混じり合う汽水域（汽水湖・河川感潮域）に生息し、雄と雌があります（雌雄異体）。卵を産んで水の中で受精し（卵生）、その後、幼生はしばらく浮遊生活をしながら成長して底生生活に移行します。

マシジミは淡水（川や水田水路）に生息し、雄と雌の区別はありません（雌雄同体）。体内で受精し、稚貝で放出されます（卵胎生）。従来、水田・水路や小川を中心に多く生息していましたが、農薬の使用や水路のコンクリート化などにより、その姿を見ることが少なくなりました。

セタシジミは琵琶湖水系にしか生息していない固有種です。ヤマトシジミと同じ雌雄異体、卵生ですが、幼生の浮遊期間は数時間と言われています。1950年代には約6千トンも漁獲量があり、琵琶湖の重要な漁業対象種でした。しかし、底質環境の悪化と乱獲で、2000年には80トンまで落ちこみました。現在は市場に出されることはほとんどありません。

大切なことは、私たちの宍道湖や神西湖のシジミはヤマトシジミということです。現在、市場で国産の「シジミ」として売られているシジミは、ヤマトシジミと考えていいと思います。

本連載のタイトル「シジミ物語」は、まさに「ヤマトシジミの物語」です。今後はすべてヤマトシジミについての話として聞いてください。

（日本シジミ研究所所長、水産学博士）

＝隔週掲載＝

日本に生息するシジミ3種

種　類	マシジミ	ヤマトシジミ	セタシジミ
分布・生息域	淡水（小川） 砂底	汽水湖・河川感潮域 砂泥底	琵琶湖水系・淡水 砂底
繁殖・発生様式	雌雄同体・卵胎生	雌雄異体・卵生受精	雌雄異体・卵生受精
幼生浮遊期間	な　し	長い（3～10日）	短い（数時間）

2015年9月23日付掲載

シジミ物語

汽水湖の恵み

〈中村　幹雄〉

□3■

生産力大　激しい環境変動

皆さんは「汽水」という言葉を知っていますか？

汽水湖の特性

汽水とは、淡水と海水が混じり合った水のことを言います。汽水の中で河口付近で海水の混じり合う水域は「感潮域」、汽水を蓄えた湖を「汽水湖」と呼びます。宍道湖は、斐伊川からの淡水と日本海から入り込む海水が混じり合う全国でも代表的な汽水湖です。

全国におけるヤマトシジミの主な生息地をみると、すべてが汽水域であり、ヤマトシジミは汽水域にのみ生息しています（図参照）。このシジミ生息地の中で、宍道湖が第1位のシジミ漁獲量を誇っているのは、汽水域の生態系のおかげです。

仮に宍道湖が淡水化したり、中海のように高塩分になったりしてしまうと、ヤマトシジミは再生産できずに、いずれ消滅してしまいます。

そこで、ヤマトシジミが生きていくのに欠かせない汽水域の生態系について、しっかり理解しておくことが大切です。汽水生態系の主な特性を三つ説明します。

ヤマトシジミの主な産地

パンケ沼
藻琴湖
風蓮湖
網走湖
十三湖
八郎湖
小川原湖
三方五湖
湖山池
東郷湖
宍道湖
神西湖
涸沼・那珂川
木曽三川

①環境変動が激しいこと。潮汐（ちょうせき）や風などを受けて、空間的・時間的に環境が著しく変わり、特に塩分は、時間や場所によって大きく変化します。その他、気象（気温、降雨量、風、気圧、日照時間）などの影響も強く受けます。

②生産力が大きいこと。汽水は陸と海の双方から豊富な栄養塩（窒素、リンなど）がもたらされます。浅く広い水域のため、太陽エネルギーを効率的に利用でき、植物プランクトンを大量に生み出すため、それを餌とする魚や貝が大量に育ちます。また、汽水湖に固有な種に加え、変化に富んだ生物が多くなります。

③傷つきやすいこと。開発に伴う人為的な改変の影響を受けやすい水域です。例えば、浅場の消失や人工護岸、淡水化を目的とした水門設置などにより、汽水湖の環境が変わり、生物が生きられなくなります。

汽水湖は、豊かな環境を有する一方で、人の手による影響を大きく受けるもろい環境です。私たちは今、宍道湖の保全・復元について真剣に考えていかなければいけないと思います。

（日本シジミ研究所所長、水産学博士）

＝隔週掲載＝

2015年10月7日付掲載

シジミ物語
汽水湖の恵み

□4■

〈中村　幹雄〉

すべての魚介類は子孫、種を残すために生殖活動を行っています。宍道湖や神西湖に生息するヤマトシジミは、雌が卵を産み、雄が精子を出して水中で受精します。つまり、ヤマトシジミには雄と雌がいます。

雄と雌の判別法

では、雄と雌はどうやって見分けるのでしょう。殻の色の違い？　大きさ？　いいえ、残念ながら今のところ、外観から雄と雌を判断することはできません。

ところで皆さんは、シジミ汁を食べるときは、もちろんシジミの殻の中身を食べますよね。そのぷっくらとした身、よく見ながら食べたことはありますか？

生殖巣の色がポイント

実は、殻の中の身で容易に雄と雌を判断することができるのです。その見分け方を紹介します。

貝殻を開けて、身の表面を覆っている薄い膜を剝ぐと、膨らんでいる部分（生殖巣）が見えます。これが乳白色だと「雄」で、青黒色だと「雌」となります。雄の精巣は乳白色、雌の卵巣は青黒色を呈します。

特に産卵前の6、7月には、生殖巣がはち切れるほど盛り上がり、色もよりはっきりとしています。

以前、「雄と雌、どちらがおいしいか」と聞かれ、体内成分を分析したことがありますが、雄と雌での違いはありませんでした。

あなたはどうでしょう。一度、みそ汁を食べるときにじっくり見てみてください。そして雄と雌を食べ比べてみてください。いつもと一味違うシジミの楽しみ方ができると思います。

もう一つ、雄と雌の数はどちらが多いのでしょう？　これについても、シジミ941個体で雄か雌かを確かめた結果、雄が485個、雌が456個で、その割合はほぼ同じでした。従って、自然界において、雄と雌の割合はほぼ同数と考えられます。

このように、生殖生態を把握することは、ヤマトシジミの生活史を理解する上で非常に大切で、水産資源の保全にもつながります。

（日本シジミ研究所所長、水産学博士）

＝隔週掲載＝

ヤマトシジミの雄と雌

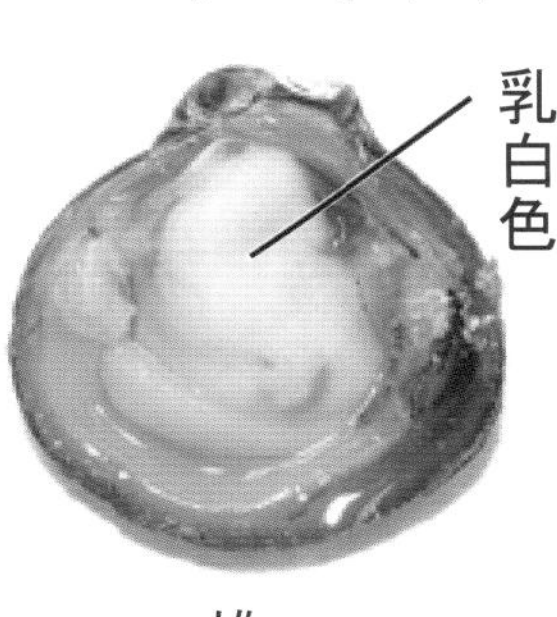

2015年10月21日付掲載

シジミ物語 汽水湖の恵み

□5■

＜中村　幹雄＞

約12ミリで産卵可能に

ヤマトシジミが安定的に資源を維持していくためには、親が卵を産み、卵は成長し親となり次の世代につなげていく、という再生産がうまく行われている必要があります。

では、ヤマトシジミはどのくらい大きくなれば産卵可能になるのでしょう?

ヤマトシジミの成熟度合いは、生殖巣の細胞組織観察法によって判断できます。これにより、雌では卵の成熟や放出後など生殖細胞の変化を読み取ることができます（図参照）。

この方法を用いて、宍道湖の7月下旬の殻長6～18ミリの個体について調べたところ、雌が殻長8・9ミリ以上、雄が9・4ミリ以上で成熟が確認され、12ミリ以上では全個体が成熟していました。つまり、宍道湖のシジミは約12ミリで産卵可能になると推察されました。

しかし、実際には卵数や卵径などが十分成熟に達するには、18ミリ以上が必要になると思われます。

水産資源生物はある大きさに達すると成熟し産卵します。産卵前に漁獲してしまうと、再生産に寄与する親の個体数は少なくなり、当然生まれる個体は減少し、その結果資源を維持できなくなってしまいます。

宍道湖漁協では、採集漁具のジョレンの網目を11ミリ以上と制限し、殻幅11ミリ以下のシジミの漁獲を禁止しています。殻幅が約11ミリということは、殻長が約18ミリ以上のシジミを漁獲することになります。

このように、産卵前の小さなシジミを獲らないようにすることは、宍道湖の安定した資源を維持していくために考えられた上でのことなのです。

しかし、年によって宍道湖の環境や資源量も変化します。したがって、再生産における最も有効な漁獲サイズについては、これらの変動などを見ながら検討していかなければなりません。

また、小さく価格の安いシジミより、大きく価格の高いシジミを漁獲することの方が、資源管理をする上でより効率的です。

このように、漁獲サイズを決めることは非常に重要です。色々な研究データを基に、各漁協がそれぞれの漁業資源に適した漁業規則を定め、シジミ資源管理を行っていく必要があります。

（日本シジミ研究所所長、水産学博士）

＝隔週掲載＝

成熟サイズ

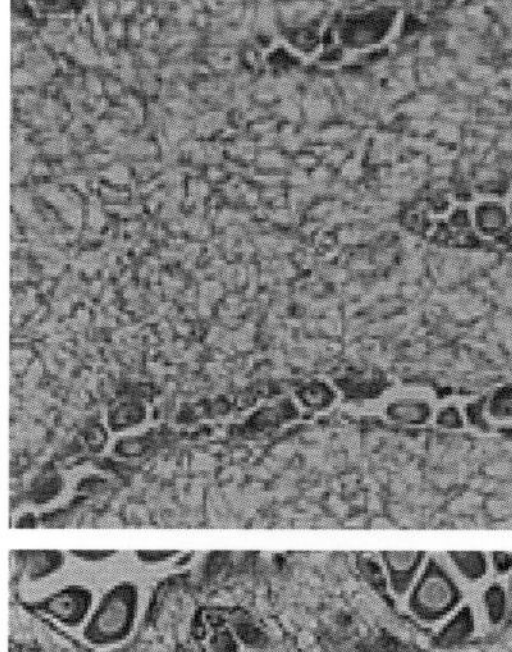
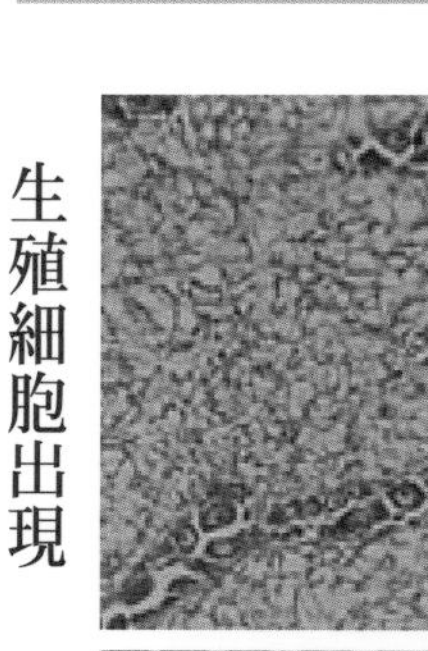

生殖細胞出現

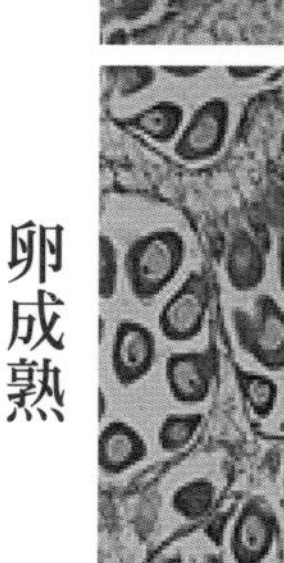

卵成熟

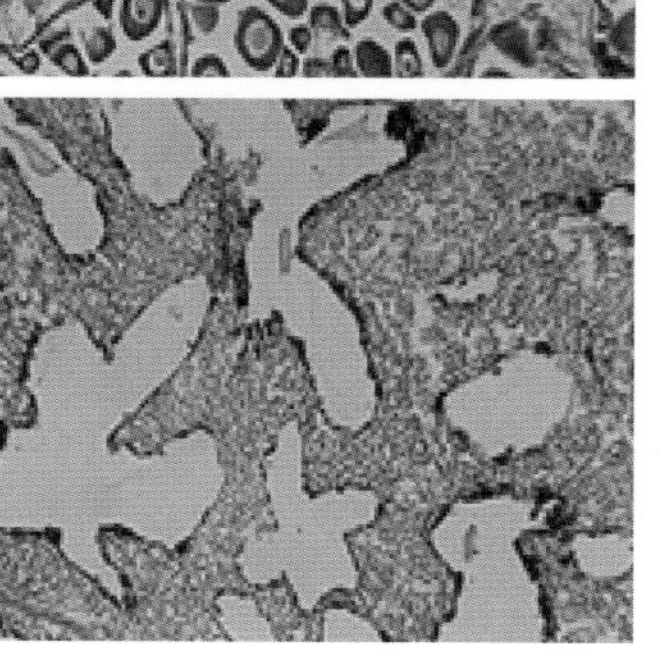

卵放出後

2015年11月4日付掲載

シジミ物語 汽水湖の恵み ⑥

〈中村　幹雄〉

宍道湖は主に7〜9月

産卵期はいつ？

シジミの産卵期はいつでしょう？　春？秋？一年中？　実は、宍道湖の場合、産卵期はおおよそ7〜9月です。

最近、土用の丑の日が近づくと、ウナギと共にシジミも大きく売り出されています。これは、確かにシジミが体に良いということもありますが、7月の土用のころにちょうどおいしい時季に当たるということも理由の一つにあります。

この7月ごろがおいしいというのは、シジミの産卵期と関係があります。

シジミは産卵に向けて成熟が進んでくると、生殖巣に雌は卵が、雄は精子が作られ、身ははちきれるほど盛り上がります（図参照）。この時季がシジミの旬、つまり身が最も膨らみ、おいしい時季になるのです。

より正確な産卵期を知るためには、生殖巣の組織を光学顕微鏡で観察する必要があります。これにより、産卵期以外の時期も含めたシジミの生殖周期が分かります。

この方法を用いた研究により、宍道湖のシジミの生殖周期が明らかになっています。シジミは、冬の間は「休止期」で活動を休止しており、春になると「成長期」に入り、「成熟期」を経て7〜9月に「産卵期」になります。その後、10月ごろには「産卵終了期」になり、再び「休止期」へと移行し、このサイクルを1年で繰り返します。

シジミの産卵期は主に7〜9月ですが、年によって多少のずれがあり、早い個体は5月ごろから産卵が始まります。

産卵前　産卵後

雌の生殖巣の膨らみの変化

産卵が終わると、雄も雌も生殖巣はぺちゃんこに萎縮します（図参照）。色も雌の青黒色は薄くなり、生殖巣の色の違いによる雄雌の区別がつきにくくなります。

宍道湖以外の産地をみると、北海道網走湖では7月中旬〜9月下旬、青森県小川原湖では8〜9月との報告があります。これらの生息地に比べると、宍道湖では産卵の開始時期がやや早いのが特徴です。

産卵時期は水温の影響を受けるため、北にいくほど遅くなる傾向が見られます。

私たちがいつもおいしいシジミを食べられるのは、宍道湖でシジミが産卵し、再生産が確実に行われているおかげなのです。

（日本シジミ研究所所長、水産学博士）

＝隔週掲載＝

2015年11月18日付掲載

■7□

〈中村　幹雄〉

出水管から水中へ放出

産卵形態

以前私は、シジミの産卵や発生について詳しく知るため、数年にわたってシジミの産卵試験を行いました。

この試験で得られた結果から、雄の精子や雌の卵の形状や雄の放精と雌の産卵方法、受精直後の発生の様子についてお話しします。

雄の精子と雌の卵は水中で受精しますが、精子と卵はシジミの体のどこから出されるのでしょうか。

精子と卵は共に出水管から水中に放出されます（図1参照）。これを「放精」「放卵」と言います。

精子と卵は非常に小さく、肉眼でその形などを確認することはできないため、顕微鏡で観察します。

精子は細く、鎌形の頭部に鞭毛が付いた形をしています。運動性が強く、寿命も24時間以上あります。

卵は放卵直後（0分）は完全に成熟しておらず、形はしずく型（洋梨型）をしています。卵の外側は卵の形に沿って卵膜で包まれています。

精子と卵の放出の様子は映像でお見せできないのが残念ですが、出水管から勢いよく放出されます。放出されている精子はまるで白い煙のように見えます（図2参照）。また、卵は放出直後では細く糸状に見えますが、離れるにしたがって粒状になります。

放卵・放精は通常30分から1時間程度続きますが、時には数時間になることもあります。

そして、放卵後約20分で卵の大きさと形はしずく型から変化し始め、約30分後には球形となり、完全な成熟卵となります。

卵の寿命は短く、1時間後には受精率が急激に低下し、4時間を経過すると受精することはありません。

雄1個体が放出する卵の数は、殻長25ミリ程度の個体で30万～90万粒確認されました。

また、宍道湖での産卵期は主に7～9月ですが、この実験では、産卵期間中に、一度にすべての卵を放出するのか、何度かに分けて産卵しているのかは解明できませんでした。

しかし、基本的には雄は雌の放卵に合わせて放精し、雌は一度にたくさんの卵を放出しているように思われます。

そして、水中で受精した後は、稚貝になるための発生がスタートします。このようにシジミの発生はとても不思議で面白い世界です。

（日本シジミ研究所所長、水産学博士）

＝隔週掲載＝

シジミの入水・出水管と放精の様子

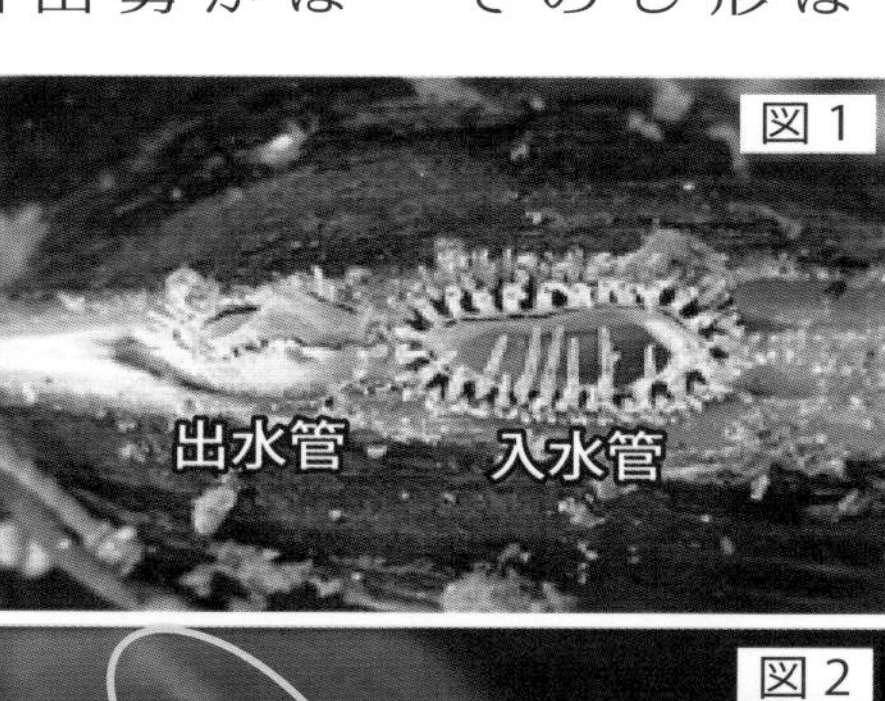

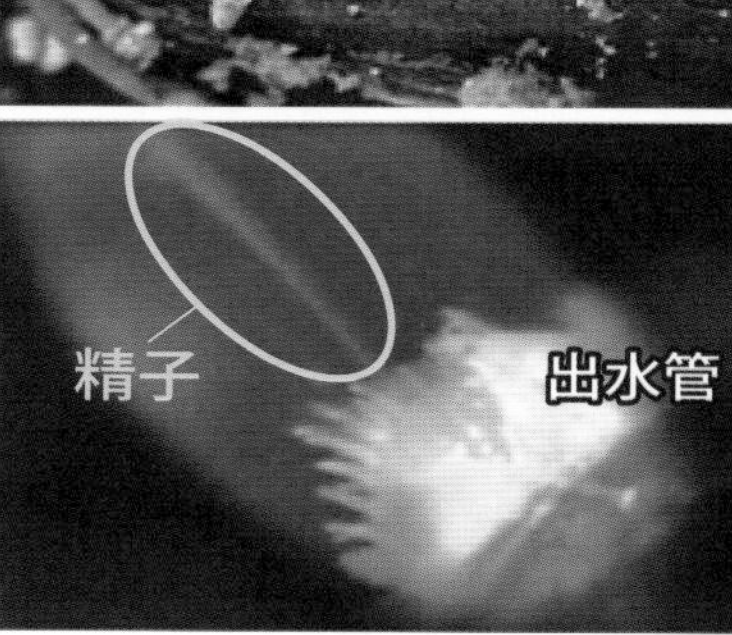

2015年12月2日付掲載

□8■

〈中村　幹雄〉

神秘的な発生メカニズム

受精から稚貝まで①

「発生」は、受精卵から成体になるまでの過程をいいます。ヤマトシジミの発生はミクロの世界で、さらに水の中で進むため、これまで詳細はほとんど知られていませんでした。

しかし、私は過去3カ年にわたり、産卵誘発で得られた受精卵を、稚貝になるまで繰り返し観察し、初めて発生の全ステージを明らかにすることができました。

図の写真は受精から稚貝までの各ステージを写したものです。発生の過程はそれぞれがダイナミックで神秘的であり、これらの写真は非常に貴重な資料です。

また、シジミの受精卵や稚貝になるまで幼生は、0・1ミリ以下という人間の目では見ることができない非常に小さなものです。そのため、すべて顕微鏡下で観察し写真を写しています。

シジミは出水管から卵と精子を放出し、水中で受精します。

受精後は、水中に浮遊しながら卵割を続け、トロコフォア幼生、ベリジャー幼生という二つの幼生段階を経て稚貝となり着底します。

受精直後に0・1ミリ以下だった卵は、着底するころには殻長0・2ミリほどの大きさの稚貝になります。

また、受精から稚貝になるまでは、約1～3週間かかりますが、そのほとんどが水中に浮遊しています。この浮遊期間が長いことが、本種の大きな特徴でもあります。

（日本シジミ研究所、水産学博士）　＝隔週掲載＝

ヤマトシジミの発生ステージ

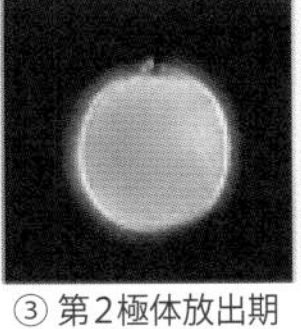
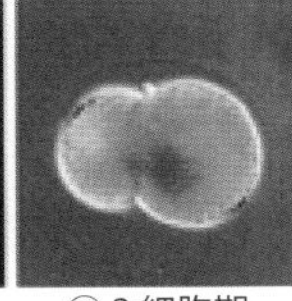
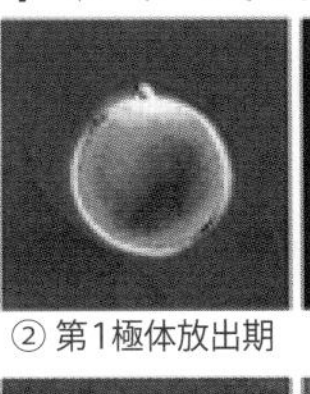
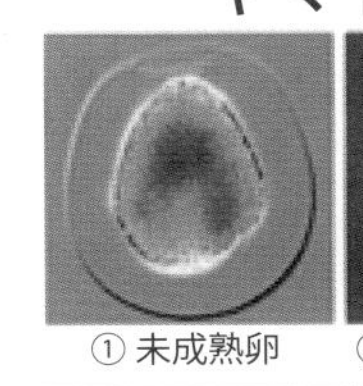
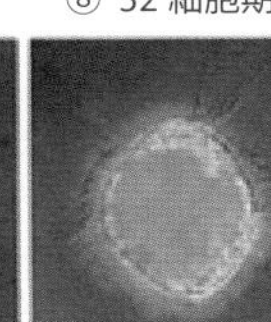
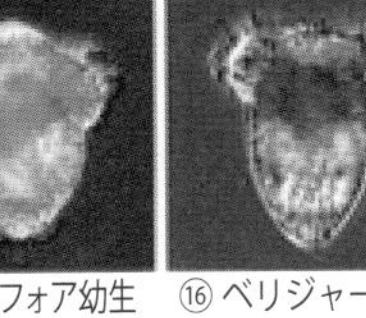
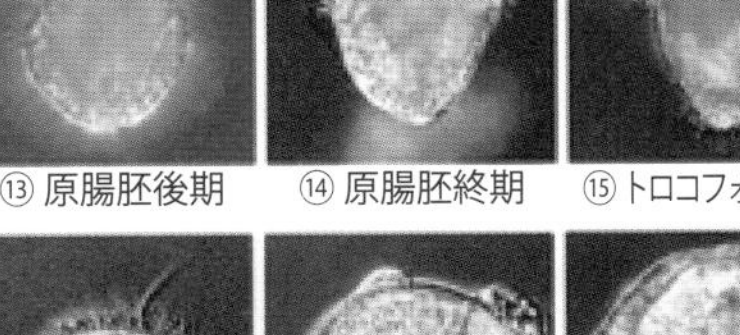
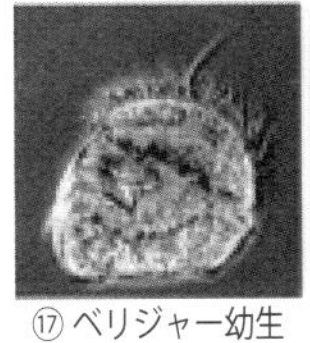

① 未成熟卵　② 第1極体放出期　③ 第2極体放出期　④ 2細胞期
⑤ 4細胞期　⑥ 8細胞期　⑦ 16細胞期　⑧ 32細胞期
⑨ 多細胞期　⑩ 胞胚期　⑪ 原腸胚初期　⑫ 原腸胚中期
⑬ 原腸胚後期　⑭ 原腸胚終期　⑮ トロコフォア幼生　⑯ ベリジャー幼生
⑰ ベリジャー幼生　⑱ ベリジャー幼生　⑲ 稚貝

50μm

2015年12月16日付掲載

シジミ物語 汽水湖の恵み

□９■

〈中村　幹雄〉

長い浮遊幼生期が特徴

受精から稚貝まで②

　前回、シジミの受精から稚貝までの発生の全ステージを紹介しました。今回は発生の各ステージの様子をお話ししていきます。

　受精から稚貝までは、大きく分けると図のようになります。

　卵と精子は受精すると、わずか10分で減数分裂が始まり、「卵割」が開始されます。卵は中央にくびれ始め、大きい割球と小さい割球に割れます。

　この卵割を繰り返し、受精後約2時間で64細胞期（多細胞期）になり、受精から約3時間経過すると、胚表面に繊毛が形成され、回転運動（遊泳）を行うようになります。

　そして、受精後6時後には第1の浮遊幼生期である「トロコフォア幼生」となります。この時、形はやや縦型になり、体の回転運動も頻繁になります。

　受精後9時間を経過すると、第2の浮遊幼生期である「ベリジャー幼生」に移ります。

　ベリジャー幼生期の初期は、殻は不完全でアルファベットの「D」の形をしています。そのため、特にこの時期の幼生を「D型幼生」と呼びます。そして、繊毛のある部分は、面盤に分化し、これにより遊泳を行います。

　受精後5日ごろからベリジャー幼生後期になり、稚貝への変態が進みます。

　このころは足が発達し、一方で面盤が徐々に退化していきます。同時に殻の形成も進むため、遊泳能力はだんだん乏しくなり、ついに稚貝となって着底します。

ヤマトシジミの主な発生ステージ

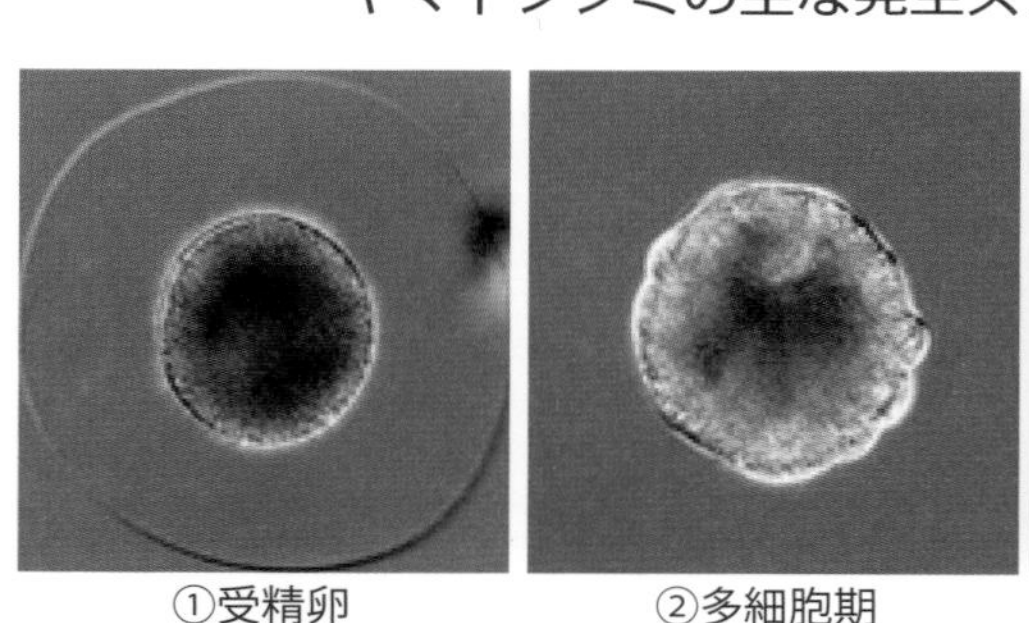

①受精卵　②多細胞期

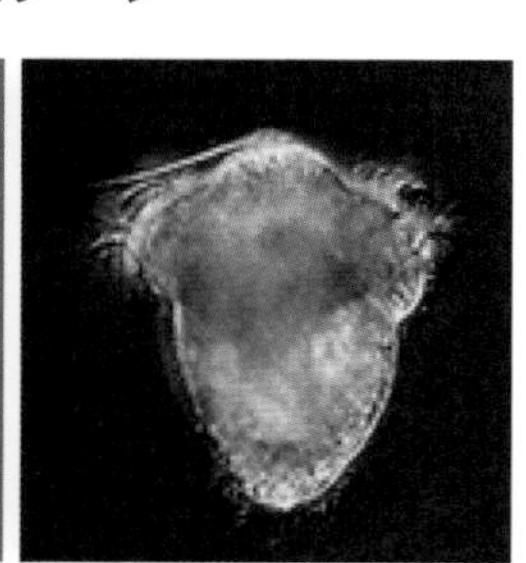

③トロコフォア幼生

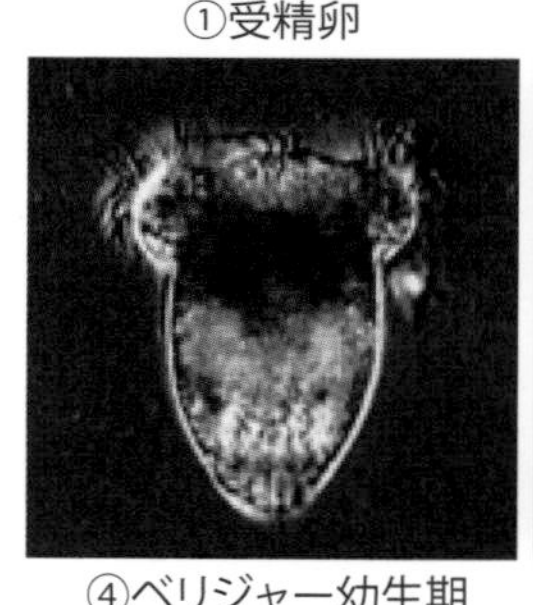

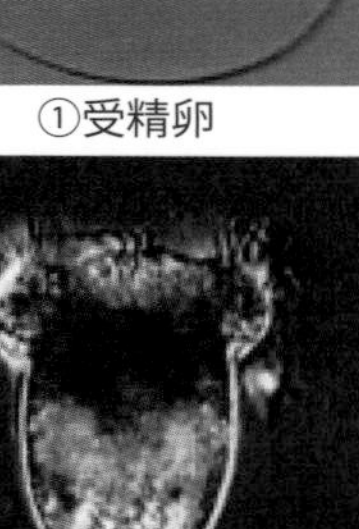

④ベリジャー幼生期

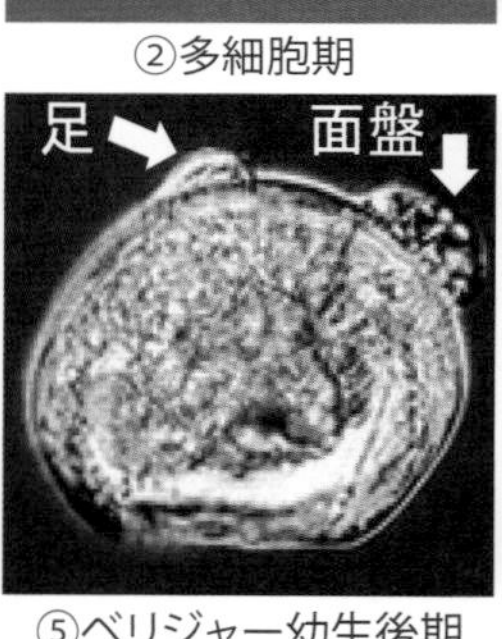

⑤ベリジャー幼生後期

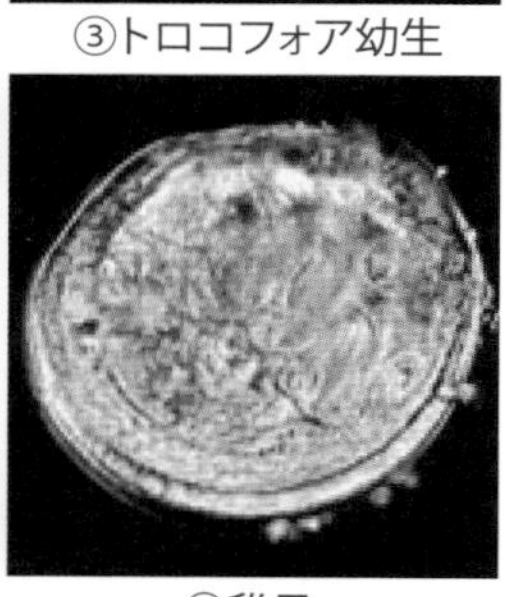

⑥稚貝

　着底時には、足糸腺から分泌される足糸を利用して湖底の砂礫（されき）などに付着します。着底直後の稚貝の殻はまだD型で大きさも0・15ミリほどです。その後、2～3週間かけて成貝と同じ殻形へと成長していきます。

　しかし、水管の形成が不完全であるなど、完全な成貝になるまでにはまだ数年かかります。

　発生から着底までは約1～3週間かかりますが、この間の浮遊幼生期が長いということは、受精した卵が水の流れによって広く拡散され、その生息域を広げるのに大いに役立っています。

　これがヤマトシジミの発生の特徴であり、宍道湖のような環境変動の大きい汽水域で子孫を残すために獲得してきた進化の現れなのです。

（日本シジミ研究所所長、水産学博士）

＝隔週掲載＝

2015年12月30日付掲載

シジミ物語 汽水湖の恵み

□10■

〈中村　幹雄〉

再生産は汽水でのみ可能

ヤマトシジミは宍道湖やその他の汽水域にのみ生息しています。

汽水にのみ生息するということは、汽水でしか再生産できないということを意味します。つまり、ヤマトシジミは汽水の塩分濃度の環境でなければ受精やその後の発生が不可能なのです。

発生と塩分濃度

シジミは、雄は精子を、雌は卵を出水管から放出し水中で受精します。卵は細胞膜によって外界と仕切られています。この細胞膜は浸透圧（塩分濃度）の低い方から高い方に水だけを通す、という性質を持っています。

この浸透圧の関係で、シジミは、卵内浸透圧が外界水の浸透圧とほぼ等しいときのみ受精と発生が可能になります。

従って、塩分の濃度が低い淡水中では外からの水が卵の細胞膜を通り抜け卵の内部に浸入し、卵は膨張し受精ができなくなります。逆に、塩分濃度の高い海水中では卵の中の水が外に出ていき、卵は収縮し受精ができなくなります（図1参照）。

このことは、非常に重要なことで、もし宍道湖が淡水や海水になったら、シジミは受精できず再生産が不可能になり、数年のうちに宍道湖から消えてしまうでしょう。

過去に私が行った発生と塩分濃度に関する実験（30日間）では、受精して稚貝まで進んだ時の塩分濃度は0・5～18ｐｓｕと幅がありました。しかし、稚貝が半分以上生き残れた時の塩分は2～8ｐｓｕで、その中でも最も生残率が良かったのは5ｐｓｕでした（図2参照）。

この実験より、シジミの産卵・発生に適した塩分濃度は5ｐｓｕ（0・5％、海水の約六分の1）前後であることが分かりました。

近年の宍道湖の底層水の塩分濃度はほぼ1～10ｐｓｕの範囲にあり、宍道湖はシジミの受精・発生に適した環境にあると言えます。

私たちのシジミが生息し続けるには、シジミの現状と宍道湖の塩分環境が大きく変化しないように見守っていくことが必要です。

（日本シジミ研究所所長、水産学博士）＝隔週掲載＝

図1
塩分濃度が低いとき（淡水）
卵は膨張
水
水
塩分濃度が高いとき（海水）
卵は収縮

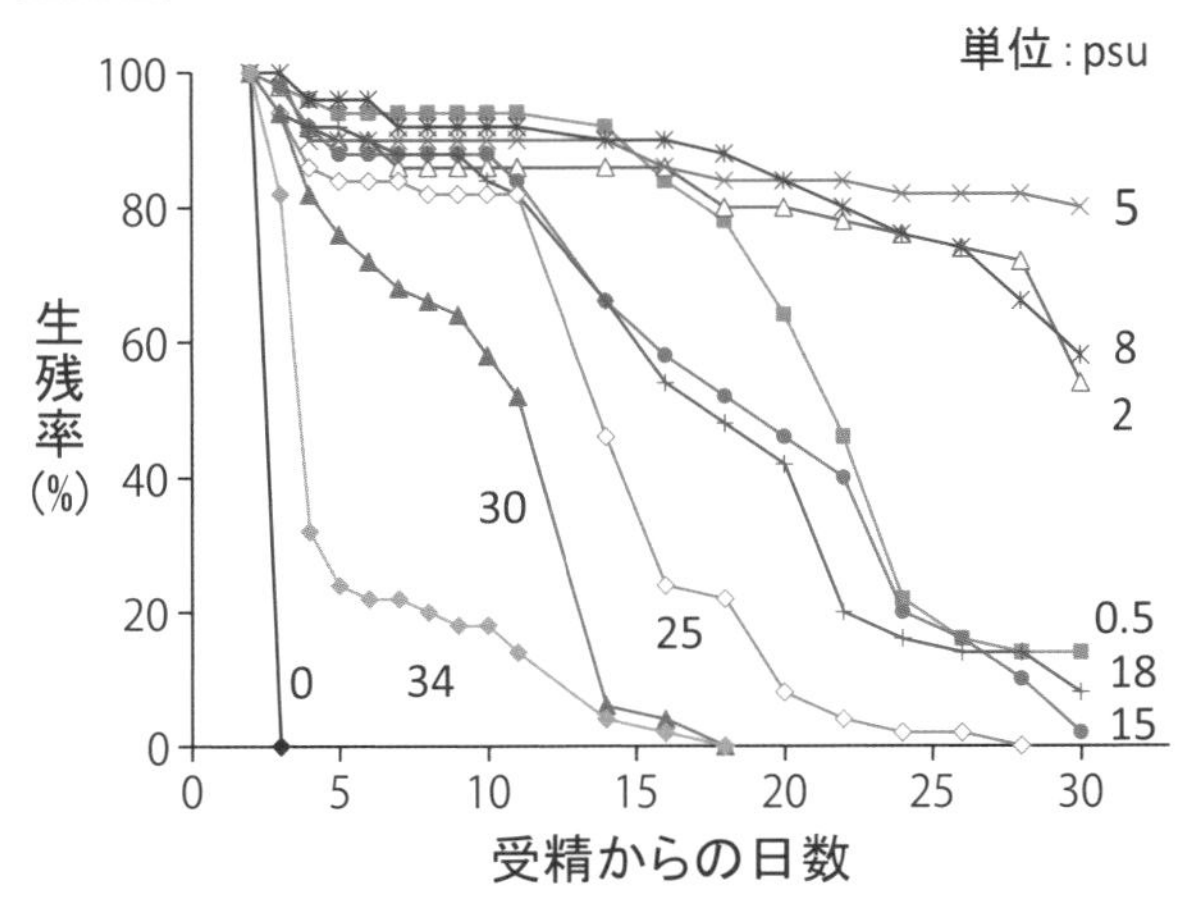

クリック

ｐｓｕ　河川・湖沼・海域などの研究分野で使用される塩分単位。塩分は海水1㌔に含まれる固形物質の質量（グラム）と定義される。1ｐｓｕ＝0・1％。海水の塩分は約35ｐｓｕ。

2016年1月13日付掲載

シジミ物語

〈中村　幹雄〉

□11■

消滅の危機を乗り越えて

今、日本一の漁獲量を誇り、当たり前のように採れている宍道湖のシジミですが、かつてヤマトシジミ資源が完全に消滅してしまうという大きな危機がありました。

それは、膨大な事業費を注ぎ込んだ国家的開発プロジェクトであり、「昭和の国引き」と呼ばれた「国営宍道湖・中海干拓淡水化事業」でした（**年表参照**）。

この事業は、戦後の食糧難時代に、食糧増産を目的として米作りを目指したものであり、境水道と中海を水門で仕切り、汽水湖である宍道湖を淡水湖に変えるという大事業でありました。

汽水湖を淡水化することは、生態系を180度変えることであり、必然的にそこに優占的な生息種であるヤマトシジミは、致命的な影響を受けることになります。

前回お話ししたように、ヤマトシジミは汽水でのみ受精・発生が可能であり、それにより再生産をしていくことができます。

もし、淡水化事業により本当に宍道湖が淡水化されていたならば、現在の宍道湖にシジミの姿を見ることはできなかったでしょう。

干拓淡水化事業

当初、この淡水化事業に伴い、1974年には中浦水門が完成し、81年には森山堤防が閉め切られるなど、事業が着々と進んでいました。

しかし、ヤマトシジミを守るため、81年に宍道湖漁協は、この事業に反対の決議をしました。これ以降、全漁師が一丸となって淡水化中止を訴え続け、市民活動の中心にもなってきました。

こうした漁師たちのたゆまぬ（長くて地道な）努力が世論をも動かし、ついに2002年に淡水化中止に至りました。

宍道湖の淡水化を阻止したことにより、全国でも貴重な汽水湖の生態系を守ることができたことは、ヤマトシジミだけでなく、その他の汽水の生物にとっても本当に重要なことだったと言えます。

今後は、よりよい汽水湖の環境を形成していき、シジミの生息を維持し、増やしていくことを考えていくことが大きな課題であると思います。

（日本シジミ研究所所長、水産学博士）

＝隔週掲載＝

2009年に撤去された中浦水門

宍道湖・中海干拓淡水化事業年表

1968	国営宍道湖・中海干拓淡水化事業開始
69	本庄工区着手
70	農林省減反政策開始
74	中浦水門完成
81	森山堤防閉め切り 宍道湖漁協淡水化事業に反対決議
84	「淡水化反対住民団体連絡会」発足
88	農水省淡水化延期決定 本庄工区工事中断
89	「本庄工区土地利用委員会」発足
2000	本庄工区干拓中止
02	中海淡水化事業中止

2016年1月27日付掲載

□12■

シンプルな形の二枚貝

外部形態

〈中村　幹雄〉

ヤマトシジミは、小さな、卵形の、あまり面白みのない、単純な形をした二枚貝です。なにもここまで言わなくても…、と思った読者の方も、多くの方がシジミの形についてはほとんど関心がないのではないでしょうか。

しかし、シジミの生理や生態について知るためには、その生物の形態を知ることは重要なことです。

今回は、今後の参考までに、シジミの外部形態と各部位の名前を説明したいと思います。

シジミの大きさを測るとき、私たちは「殻長」「殻幅」「殻高」という言葉を用います。それぞれどこからどこまでの長さをいうのか、「図A、B」を見てもらうと分かりますが、この中で前縁から後縁までの「殻長」が一番大きい数字になります。

次に、各部位についてお話します。

まず二枚貝の大きな特徴は、体の軟体部を囲む殻です。殻は石灰質の厚い殻で左右から包み込まれています。また、殻皮で被われ、成長するにつれて同心円状に外側に向けて大きくなりますが、この時、成長を示す成長脈（輪脈）が刻まれます。

次に、シジミの殻の呼び名です。実は、シジミには「前・後」「左・右」、そして「背・腹」があります。

それぞれの見方ですが、2枚の殻を結ぶ部分を靭帯（じんたい）と呼びますが、靭帯のある側が背側、ない側が腹側になります。また、「図A」の写真を中心から左右に見た場合、靭帯のない方が前縁、ある方が後縁になります。さらに、「図B」で靭帯を右側においたとき、上側が右殻、下側が左殻となります。

最後に、殻の内側の構造です（図C参照）。殻を開いてみると、内面は紫白色になっていることが多いです。また、内面の前後に一般に貝柱と呼ばれる閉殻筋（へいかくきん）の付着痕が見られます。

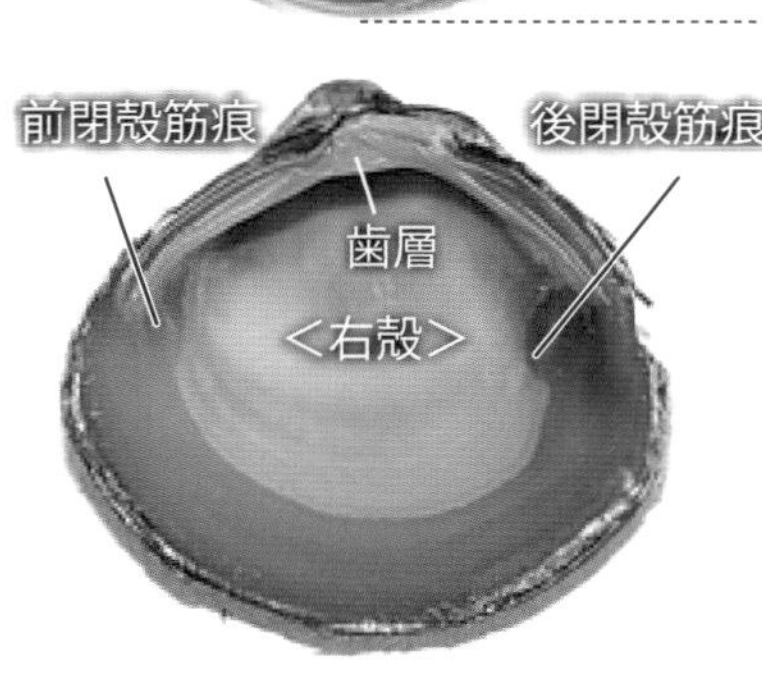

これだけのことを、一度に覚えるのはかなり難しいと思いますが、一度、シジミを手に取って、この図と見比べて確認してみてください。

シジミの各部位にこのような、生物学的名称がつけられていることが分かれば、これからシジミの見方も変わるのではないでしょうか。

（日本シジミ研究所所長、水産学博士）＝隔週掲載＝

2016年2月10日付掲載

シジミ物語 汽水湖の恵み

〈中村 幹雄〉

□13■

貝殻の中身を見てみよう

ヤマトシジミの中身はどうなっているのでしょう? シジミの心臓や内臓はどこに? そもそも中身はどうなっているの? いろんな疑問が湧いてきます。

シジミの内部形態の解剖図について報告された事例はなく、「日本動物解剖図説」(森北出版、1971年)でもハマグリなどは載っていますが、ヤマトシジミについては載っていません。

しかし、島根大学の草田和美さんらの研究によって2003年にシジミの詳しい解剖図が作成されました。この解剖図を一部修正したものを見ながら、シジミの内部形態についてお話します(図参照)。

内部形態

シジミの左殻を取り、内部の前面を覆っている薄い膜(外套膜)をはがすと、「図1」のようになります。この外套膜は右殻にも存在し、左右の外套膜が殻の後部で二つの水管を形成しています。

外套膜をはがすと、2枚の鰓が見えてきます。鰓は左右の殻に2枚ずつ付いていて、この鰓の下に斧の形をした足が見えます。普段水中では、この足を長く出し、湖底に潜ったり移動したりしています。

この鰓を取り除き、さらにその下にある内臓部分を包んでいる膜を丁寧に取り除くと、生殖腺や消化器官などがある部分が見えてきます。細かい部位の観察は、さらに繊細な解剖技術が必要になりますが、丁寧に見ていくとシジミの内部形態は「図2」のようになります。

心臓は出水管の上方にあり、心室と心房からなります。心臓を覆う薄い膜を丁寧に取り除くと、ぴくぴく動く様子が観察できます。

生殖腺は内臓の中央部分に位置し、産卵期になると卵や精子が作られ内臓を覆うほど膨らみます。産卵時期は、生殖巣が雌は黒色、雄は白色になっており、容易に見ることができます。

入水管から取り込まれた食べ物は、鰓でこし取られた後、口へ運ばれます。そして胃などで消化され、腸を通り、出水管の基部付近に位置する肛門から糞として外に出されます。

初めて詳しいヤマトシジミの解剖図が作られたことは、非常に貴重で高く評価されるものです。

(日本シジミ研究所所長、水産学博士)

=隔週掲載=

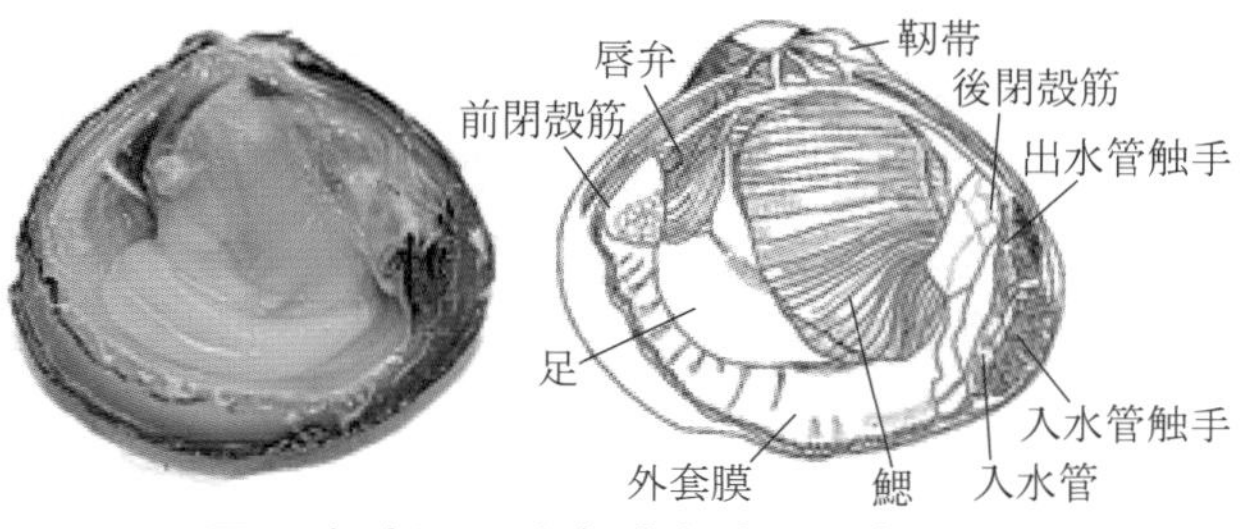

図1 解剖図(外套膜を除いたもの)

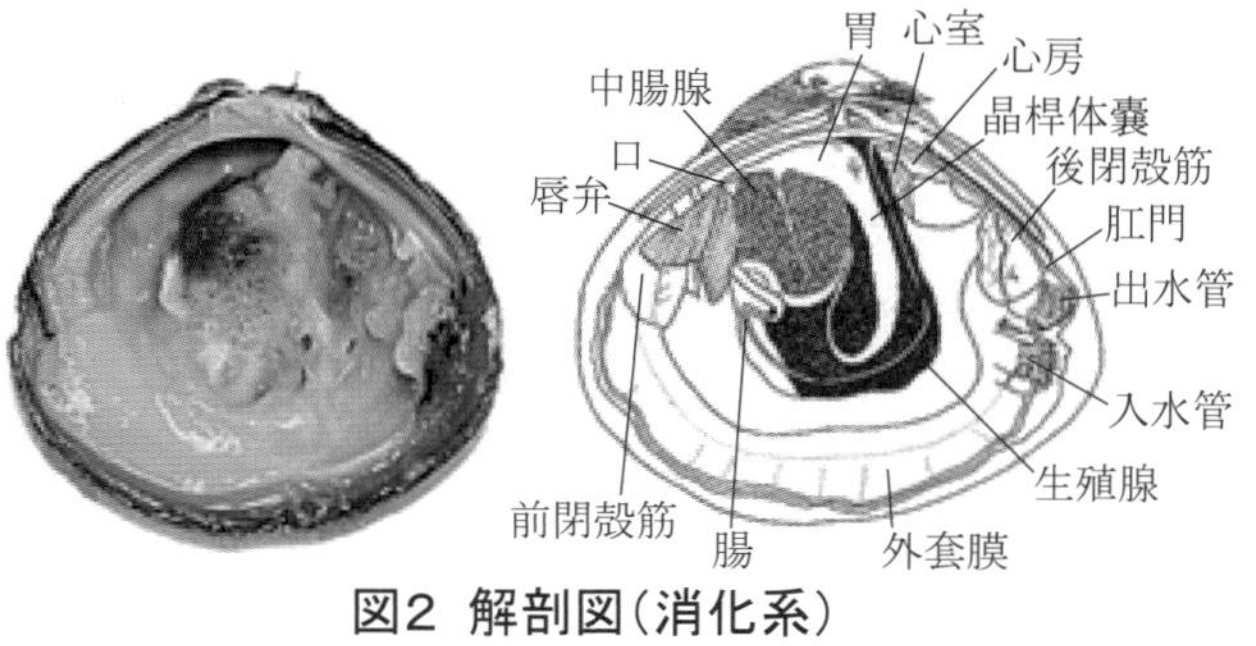

図2 解剖図(消化系)

2016年2月24日付掲載

シジミ物語 汽水湖の恵み

〈中村 幹雄〉

□14■

宍道湖をはじめ、全国のシジミを数多くみると、同じヤマトシジミでもその殻の色や形は一様ではありません。シジミはその生息場所によって殻の色が異なります。どんな場所でどんな色になるのでしょう。

殻の色と形

結論から言うと、泥底に生息するシジミは黒色、砂底に生息しているのは、黄色から褐色を帯びます。

宍道湖の漁師は、経験的にこのことを実感しており、ドベ（泥）に生息しているシジミを「黒シジミ」（図1参照）、砂に生息して特に色が黄色みを帯びているのを「黄金シジミ」（図2参照）と呼びます。ただし、現在は黄金シジミはほとんど見られなくなりました。

実は、シジミは幼貝の時はすべて黄褐色を帯びています（図3参照）。しかし、成長と共に殻

生息場所によりさまざま

の色が変わるのです。

なぜ色が変化するのかというと、その原因は底質の環境にあります。泥に硫黄が多く含まれると、水中の鉄やマンガンと結合して硫化鉄や硫化マンガンになり、そこに生息するシジミは黒色になります。砂には硫黄が多く含まれていないため、黄褐色のまま成長します。

さらに私の長年の経験から、泥底で水が停滞し、貧酸素状態になっている場所では「セコハゲ」というシジミの殻長部の殻皮がはがれて白くなるシジミが多く見られます（図4参照）。

セコハゲはジョレンの擦れなどが原因と考えられていましたが、砂や河川などでは見られず、泥底で多く見られます。従って、セコハゲは漁場の生息環境の悪化を表しており、セコハゲが多く見られるような場所では、早急な底質環境の改善が必要とされます。

この他に、川と湖でも形が異なることがあります。

例えば、神西湖と差海川（神西湖と日本海をつなぐ）のシジミを比べると、湖は丸みを帯びているのに対し、差海川の方がやや拡幅が狭く細い形をしているものが多い傾向があります。

これは、差海川は潮汐により塩分変化が大きい川であるため、塩分が高くなるとそれを避けるために砂底に深く潜り、塩分が低くなると再び餌を求めて表面まで出てきます。このような上下の頻繁な潜砂行動に適応するため、貝の形は細長い形になると考えられます。

図1：黒シジミ

図2：黄金シジミ

図3：稚貝

図4：セコハゲ

（日本シジミ研究所所長、水産学博士）

＝隔週掲載＝

2016年3月9日付掲載

シジミ物語

汽水湖の恵み

〈中村　幹雄〉

□15■

手間をかけた品質管理

漁獲されたシジミの中には、見た目は生きているように見えても、実は死んでいるシジミが入っていることがあります。しかもやっかいなことに、この中には泥が詰まっています。このような死貝を「ガボ」「カッポ」「バクダン」と呼び、漁師は嫌っています。

選別とガボ

なぜこのようなガボがあるのか、その原因については残念ながらまだ解明されていません。このガボを知らずにそのままみそ汁などに入れてしまうと、貝の中の泥が出て、料理を台無しにしてしまいます。

そのため、漁師はシジミを漁獲したあとに、ガボを取り除く選別作業をします。

選別作業は、より正確にそして効率的に行われるように、それぞれの漁師により独自の工夫がされています。ここでは、主な選別方法を紹介します（図参照）。

選別はまず、選別機（機械・手通し）でシジミの大きさを分けます。大きさとは、市場に出されるときの銘柄別の大きさで、殻幅により大・中・小に分けられています。

その後、シジミ一つ一つをコンクリートに落としながら、落ちた時の微妙な音や響きで空のシジミやガボを見分け、取り除いていきます。これは、決して誰でも簡単にできる作業ではなく、時間と労力、そして何よりも熟練した技と経験が必要となります。

また、選別の良し悪しは、シジミの商品価値にもつながるため、宍道湖の漁師は約90キロのシジミに対して2、3人で1～4時間程度要しています。

このような丁寧な選別作業によりシジミは品質管理され、市場に出されているので、皆さんは安心して食べることができます。

ガボの正確な見分けは非常に難しいものですが、実は皆さんも見た目からおおよそガボであることが予測できる方法があります。

それは、殻の後縁部がギザギザに削れているもの、他のシジミに比べ極端に軽いもの、そして殻の表面の艶が全くないものを選ぶことです。これらに該当するシジミはガボである確率が非常に高いのです。

しかし、見た目では生貝と全く区別がつかないものもいるため、完全に見分けるにはやはり、かなりの経験が必要になるのでしょう。

（日本シジミ研究所所長、水産学博士）

＝隔週掲載＝

主な選別方法

機械

2016年3月23日付掲載

□16■

懸濁物を無差別に摂餌

〈中村　幹雄〉

シジミは何を食べて生活しているのでしょう？　湖底に潜在し、大きく移動しないシジミが、どのようにして餌を獲得し何を食べているのかは観察が難しい半面、非常に興味深いことです（図1参照）。

ヤマトシジミは殻内に鰓（えら）を持ちます。鰓を用いて水中の浮遊する懸濁物などを体の中に取り込み、それをろ過して食物を取ります。このような生物のことを「ろ過食者」と呼びます。

では、ろ過食者であるシジミは何をどこから取り入れるかというと、入水管から湖水と一緒に、植物プランクトンやデトリタス（生物の死骸・分解物などの有機物の総称）などの水中に浮遊している懸濁物を取り入れ、鰓で濾（こ）して食物にしています。

つまり、食物を選択することなく、無差別に入水管から取り入れているということになります。確かに、湖底に潜り、あまり移動せず自分から餌を取りにいけない生き物にとって、餌の選択をするより、無差別に取り入れる方法の方が理にかなっていると言えるでしょう。

水中のシジミを動画で観察すると、シジミが水中の懸濁物を水とともにかなりの勢いで取り入れている様子を見ることができます（図2参照）。

また、クロレラなど緑色の植物プランクトンを入れた水槽にシジミを入れると、数時間で透明な水に変わるのが見て取れます。私が以前行った実験では、水温25度で1個体のシジミが170ccもの水をろ過することが分かりました。

ろ過された有機物は、口↓胃腸↓肛門↓出水管と移動し、糞（ふん）として殻外へ排出されます。この糞は消化されると小さい粒子で排出されますが、消化しきれない糞だと細長い糸状で排出されます。

また、口に入らない大きい粒子や食物とならない無機物は胃を通らず、入水管などから疑糞として排出されます。

このように、基本的に何でも取り込んでしまうシジミですが、取り込まれたものがすべて栄養となっているのか、具体的にどんなものが餌となっているのかの特定は非常に困難です。次回、食性の特定方法の一つについてお話しします。

（日本シジミ研究所所長、水産学博士）

＝毎週掲載＝

餌の取り方

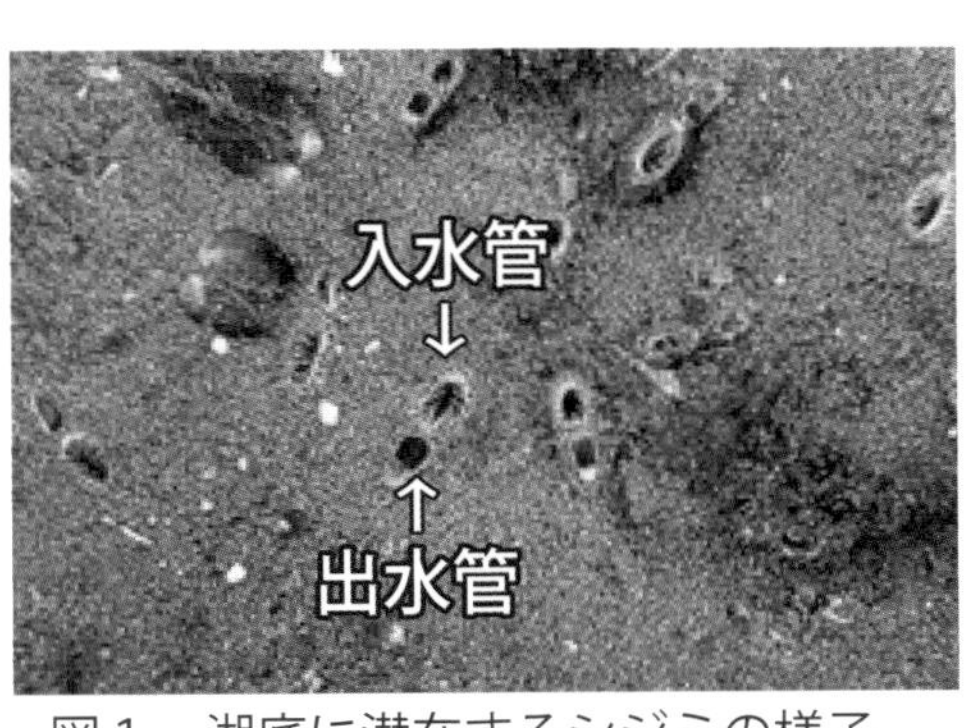

図1　湖底に潜在するシジミの様子

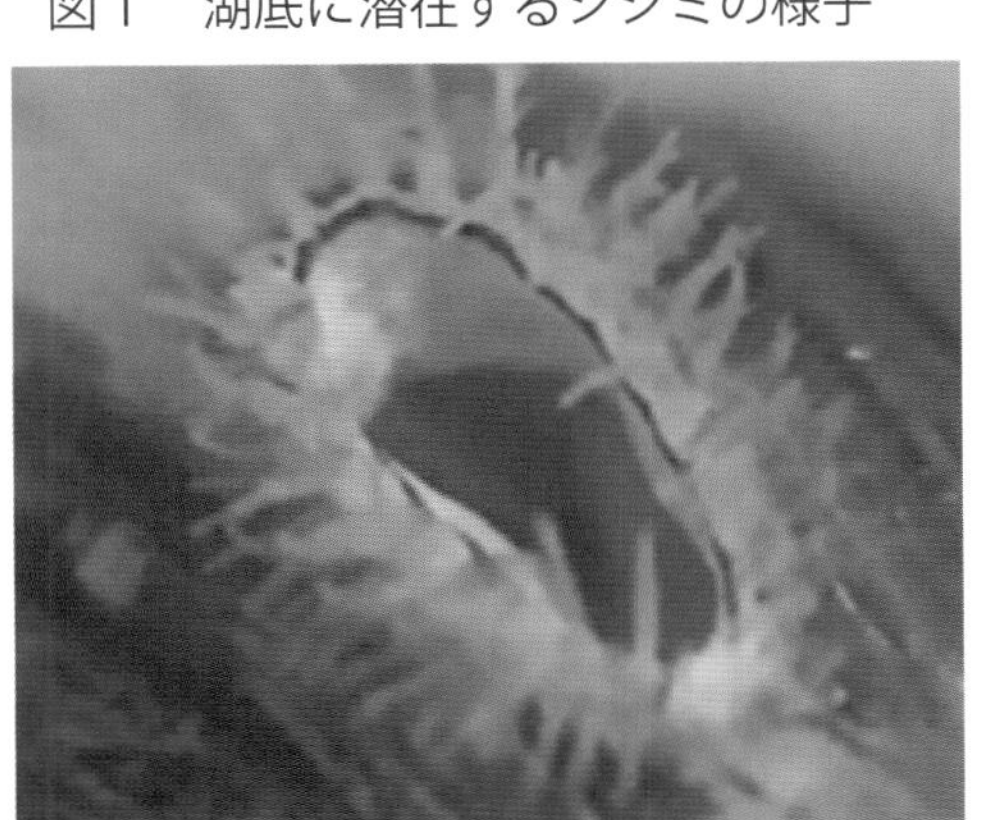

図2　入水管からの摂餌の様子

2016年4月6日付掲載

〈中村　幹雄〉

□17■

餌の解明

安定同位体で起源探る

シジミは、水中に浮遊している植物プランクトンやデトリタス（生物の死骸・分解物などの有機物の総称）などの懸濁物を湖水と共に取り込み、鰓（えら）で濾（こ）して取り、その中の有機物を餌にしています。

　取り込んだ懸濁物の中で、何を主な栄養素としているのかを知るため、これまではシジミの胃や腸を解剖し内容物を観察する方法がよく行われていました。しかし、形が不明瞭で判断できないものが多く、また観察時点での摂食物を見ているにすぎないため、実際に何が本当の栄養素となっているのかは、十分に解明できませんでした。

　そこで近年は、窒素や炭素の「安定同位体比」を用いて、シジミの餌の起源を調べる研究が数多く行われています。

　これにより、シジミは植物プランクトンや底生微細藻類を餌としていること、またその他に陸上の植物を起源とする有機物を栄養源としていることなどが明らかにされました（図参照）。

　この「安定同位体比」という言葉は皆さん耳慣れないものだと思いますが、生物の体を作る元素（主に炭素と窒素）の挙動を追うことができ、それにより生物の食物連鎖である「食う―食われる」の関係を推定することができます。

　つまり、食うもの（シジミ）と食われるもの（シジミが生息する周辺のさまざまな有機物）の安定同位体比を比較することによって、シジミが何を食べたのかが推定できるのです。

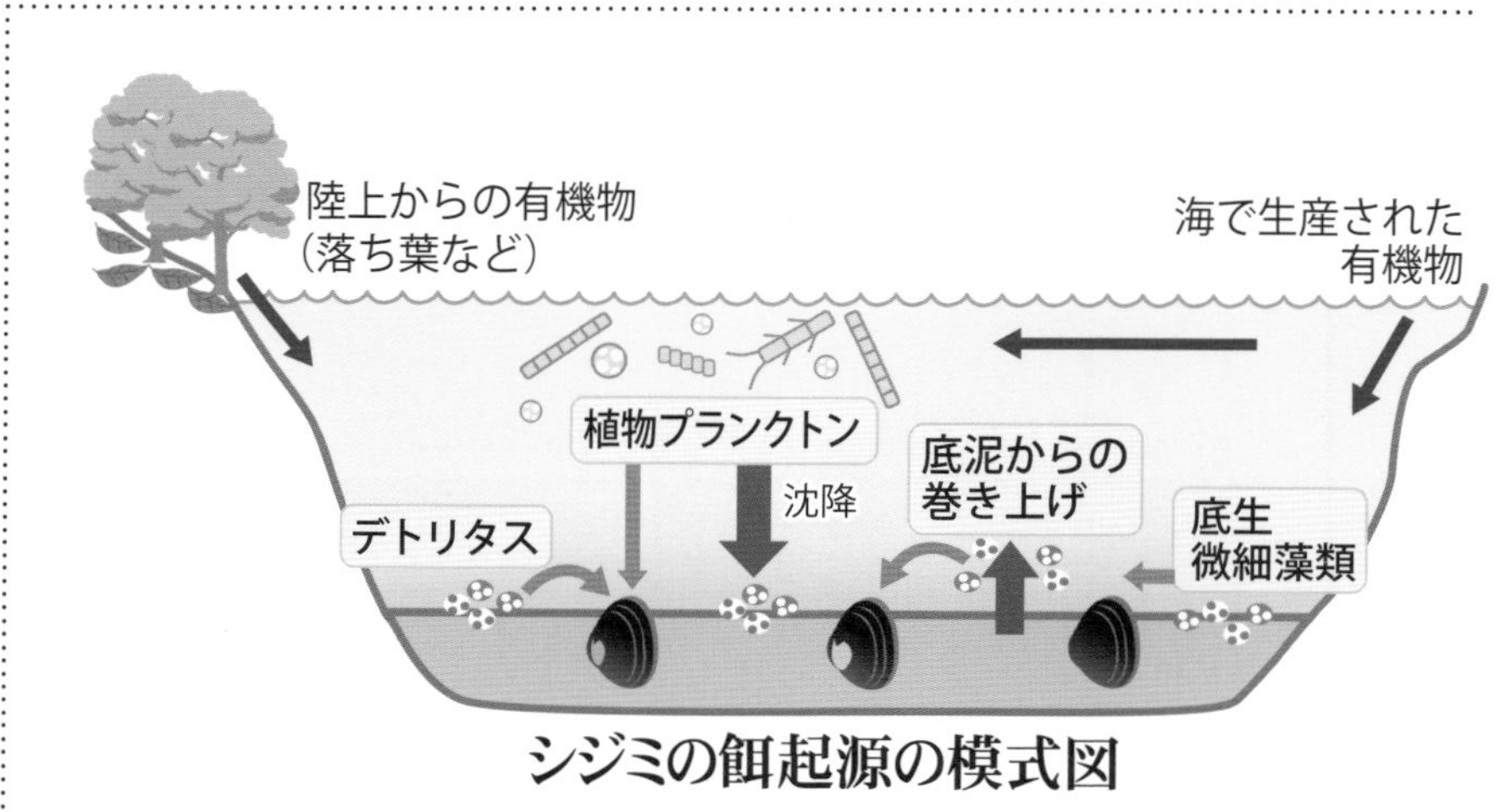

シジミの餌起源の模式図

　このように、胃に入ったものを餌として評価するだけではなく、体組織に反映された栄養源をも評価できるため、餌の解明に非常に有効な分析方法です。

　ただし、シジミは北海道から九州にわたる汽水域に幅広く生息しており、場所や季節によって主要な食べ物は異なりますので、産地ごとに分析する必要があります。

　私の経験からシジミの餌について考察すると、シジミは、取り込んだ餌の多くを上手に消化・吸収し、体の栄養素に変える素晴らしい能力を持ち合わせていると考えます。この能力があるゆえに、シジミは汽水湖で長く、したたかに優占種として生き続けているのだと思っています。

（日本シジミ研究所所長、水産学博士）

＝毎週掲載＝

2016年4月13日付掲載

シジミ物語 汽水湖の恵み □18■

〈中村 幹雄〉

4月23日はシジミの日

シジミ記念日

来る4月23日は、何の記念日かご存じでしょうか。正解は「シジミの日」です。もうお気づきの方もいるかもしれませんが、「423（シジミ）」の語呂合わせになっています。どうですか、とても覚えやすいでしょう。

本連載では、シジミの知られざる魅力について、毎回さまざまな角度から皆さまにお伝えしています。

このシジミの魅力ついて、全国の1人でも多くの人に知ってもらいたいという思いから、私が所長をする日本シジミ研究所が2006年7月に「日本記念日協会」に申請し、幸いにも日本の記念日として登録されました。

シジミは大地と海の両方からの恵みを受けて育ちます。化学肥料も農薬も使用することなく、周辺水域からの豊富な栄養塩によって育まれた、安全な自然食品です。

また、シジミは古くからふるさとの味、おふくろの味として親しまれ、日本人の食卓には欠かせない食材です。調理が誰にでも手軽にできるのも、大きな魅力の一つです。砂出ししたシジミを鍋に水から入れ、沸騰したらあくを抜く。そして、塩と酒としょうゆを入れれば澄まし汁、みそを入れればみそ汁の出来上がりです。

さらには、シジミは昔から「肝臓の守り神」や「元気の源」と言われています。二日酔いにはシジミが効くという話は有名ですよね。最近は、これらシジミの効能が科学的にも証明され、自然食品として高い評価を得ています。

「シジミの日」の記念日登録証と宍道湖でのシジミ漁風景

この他にも、シジミは汽水域の水質浄化に役立つなど、汽水湖の生態系の保全にも役立っています。

このように、シジミの良さを挙げたらきりがなく、今この恩恵を受けている私たちは、汽水湖の環境とシジミを後世に守り伝えていかなければなりません。

制定初年度の「シジミの日」に行った記念式典には、宍道湖および全国の漁業者をはじめ、当時の島根県知事である澄田信義知事など数多くの人々に集まっていただき、盛大に祝いました。

このシジミの日がもっと浸透し、島根の宝、日本の宝であるシジミの大切さを全国の人が考える日になってほしいと切に願っています。

（日本シジミ研究所所長、水産学博士）

＝毎週掲載＝

2016年4月20日付掲載

シジミ物語

汽水湖の恵み

□19■

<中村　幹雄>

春から秋にかけて3倍に

シジミは約0・2ミリという非常に小さいサイズで湖底に着底し、どんどん成長していきます。

この成長について考えるとき、本来は、殻の中の軟体部の成長と殻部だけの成長の二つに分けて考えなければいけません。

ただし、実際の調査などでは、軟体部の成長を調べることは難しく、通常シジミの成長は軟体部と殻の重さを合わせた湿重量で判断します。

今回は、かつて私が宍道湖で行ったシジミの成長試験について紹介します。

成長試験

調査は、シジミの成長具合を見るために、大きさ別に小さい方からⅠ~Ⅳ群に分けたシジミに、ペンキで標識を付けて宍道湖のある水域に放流しました。

そして、1カ月ごとに試験区のシジミを再捕し、殻長と湿重量を計測する試験を繰り返し行いました。

5月から12月までに計測されたⅠ~Ⅳ群のシジミの成長を殻長と湿重量の変化から見てみましょう。

殻長が小さいⅠ群では、5月に12ミリのシジミが10月に17・3ミリと約5ミリ大きく成長しました（図参照）。

湿重量は、Ⅰ群は5月から8月までで0・8グラムから1・8グラムと2倍を超え、11月では2・6グラムと3倍以上の重さに増えました（図参照）。

一方、Ⅱ~Ⅳ群の大きいシジミになると、殻長、湿重量とも成長率は低く、10月以降はほとんど成長していません。殻長の大きいⅣ群のシジミでは、5月から10月までに殻長、湿重量ともわずか1・07倍にしか成長していません。

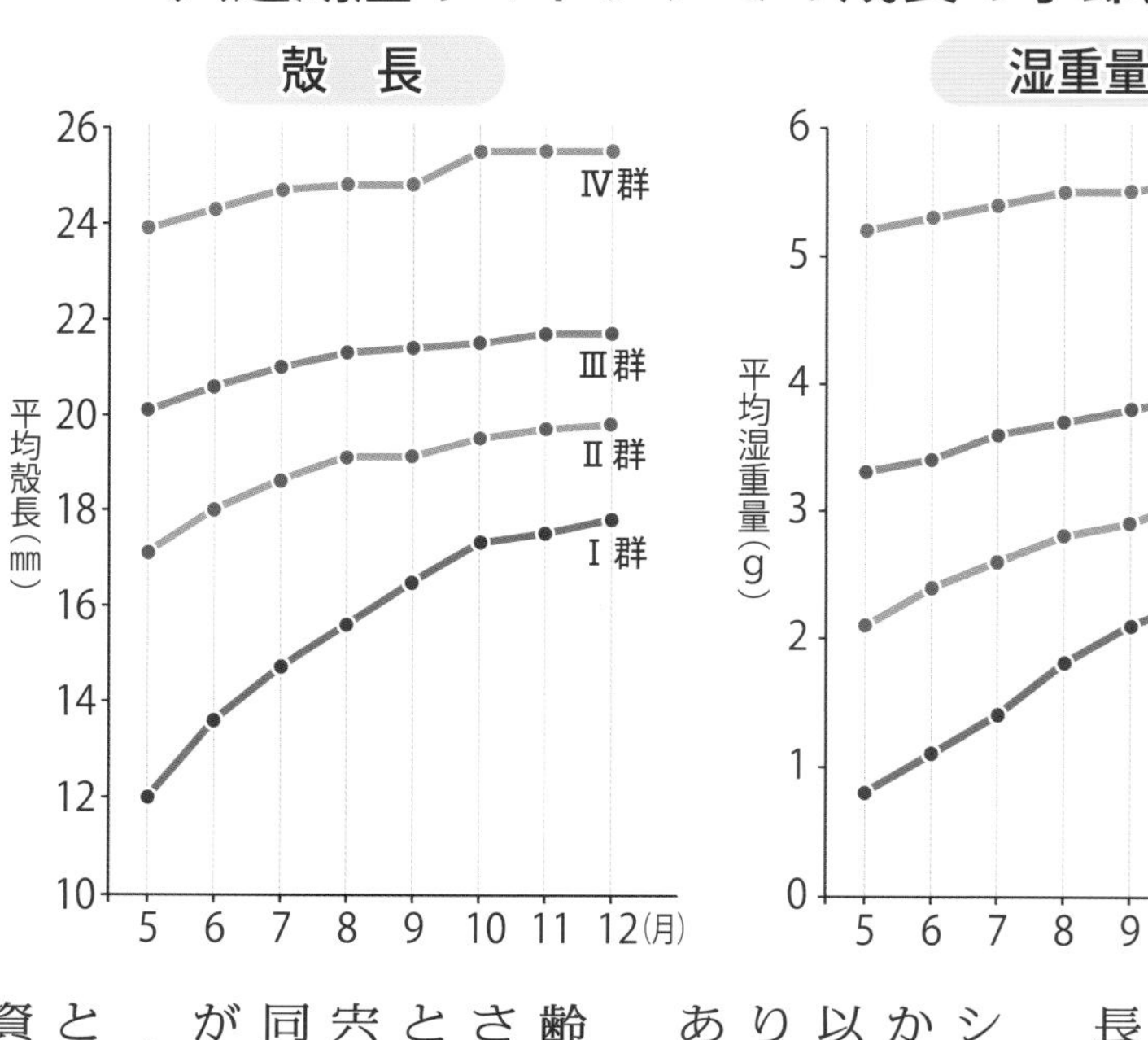

このことから、宍道湖のシジミの成長期は主に5月から10月までであり、11月以降は生理活性が低くなり、冬期には成長停滞期であると考えられます。

一般に生物の成長量は若齢期に大きく、その後は小さくなっていくパターンをとります。この調査から、宍道湖のシジミに関しても同じような傾向があることが分かりました。

宍道湖の平均殻長が10ミリとすると、仮に年3万トンの資源量は計算上9万トンに増大することになります。しかし、計算通りに行かないのは、夏の自然死亡や漁獲量などによる資源量の減少も考えなければなりません。

（日本シジミ研究所所長、水産学博士）

＝毎週掲載＝

2016年4月27日付掲載

□20■

貝殻の段差状輪紋で読む

〈中村　幹雄〉

年齢形質

シジミは年とともに成長します。どのように成長していくのか？　私たちが、いつも食べているシジミが果たして何歳なのか、皆さん、興味のあるところではないでしょうか。

成長やそれに伴った年齢を知ることは、漁業資源を適正に漁獲していく上には不可欠なものです。

生物には、成長に伴って体の一部に年齢を示すものが作られます。樹木の成長は年輪を調べると年齢が分かるように、魚では鱗（うろこ）や耳石（耳の中にあるカルシウムの固まり）などで年齢を推定でき、これらは「年齢形質」と呼ばれます。

では、シジミの年齢形質はどこでしょうか。それは貝殻です。

ここで、シジミの殻を見てみましょう（図1参照）。貝殻の表面、肉眼で分かる同心円状の細かい縞（しま）があります。これは「輪脈」といい、成長に伴ってできる成長線です。

この成長線は一見、規則的に形成されているように見えますが、所々やや段差状になっている部分があります。この部分が「段差状輪紋」と呼ばれ、シジミの年齢形質になります。

次に、殻の断面図を見てみます（図2参照）。なぜ、段差状輪紋が作られるかというと、日々の成長の中で、外的・内的要因によって、成長が停滞する時期があります。この時期に形成された成長線は密集し、「段差状輪紋」として殻に刻み込まれるのです。

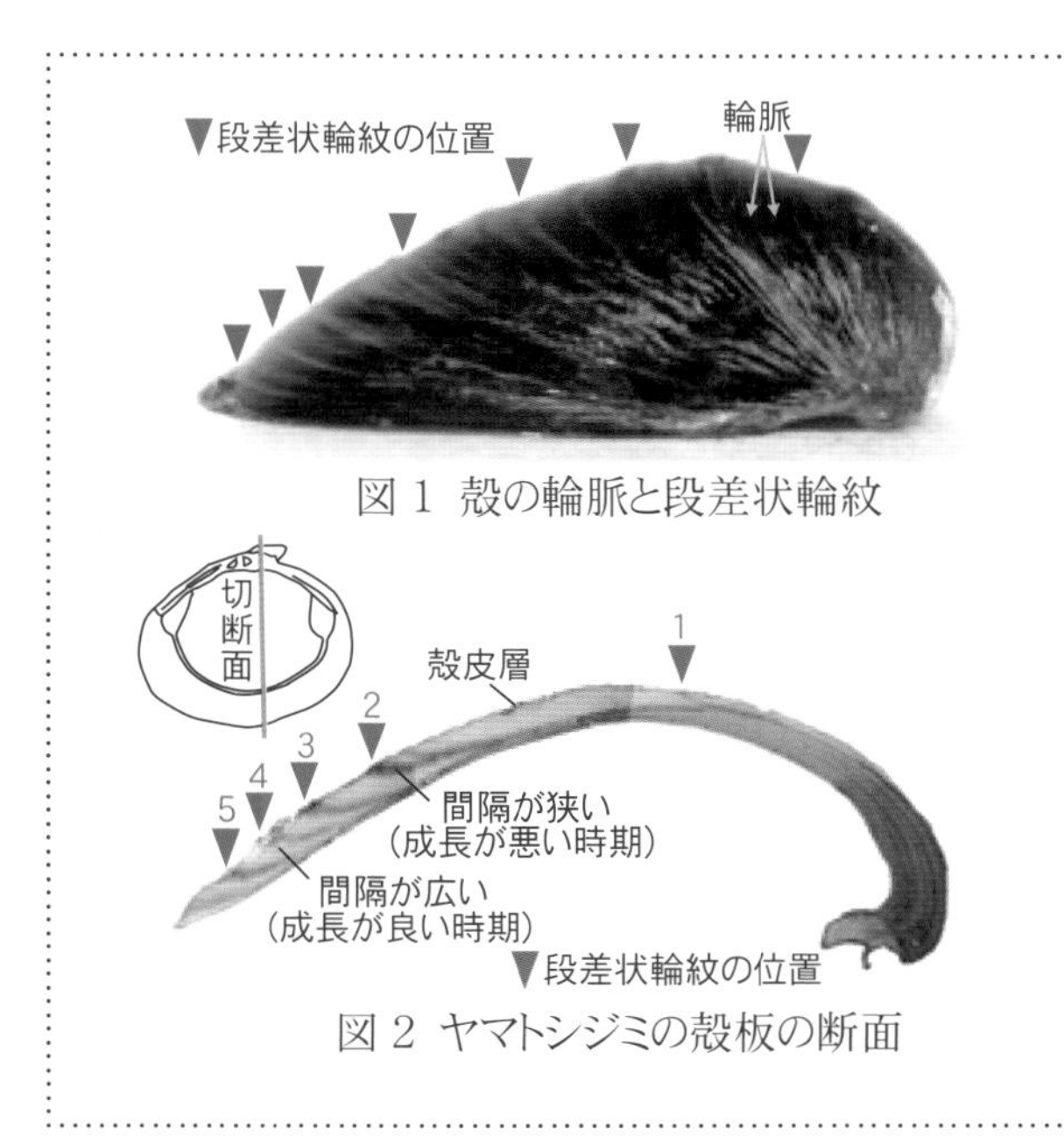

図1　殻の輪脈と段差状輪紋

図2　ヤマトシジミの殻板の断面

成長が悪くなるのは、主に冬季に水温が低くなることよりシジミの生理活性が鈍くなるのが原因と考えられています。つまり、輪紋は毎年冬季に1輪作られることになり、その数から年齢が推定できるのです。

宍道湖の調査で、シジミは「段差状輪紋数＋0・5」がおおよその年齢であることが分かりました。

ただし、段差状輪紋は冬季以外にも急激な環境変化や生態的要因などによっても形成されることや、輪紋が明瞭に出ていない個体も多くあります。

長年シジミを研究している私でも、実は輪紋を正確に読み取ることは簡単ではなく、シジミの年齢査定方法はさらなる研究が必要だと思われます。

（日本シジミ研究所所長、水産学博士）

＝毎週掲載＝

2016年5月4日付掲載

シジミ物語

汽水湖の恵み

〈中村　幹雄〉

□21■

最長19年、超特大52ミリも

今回はシジミの寿命と最大サイズのお話です。

「シジミはどのくらい生きるのか?」という質問には、シジミが育っている環境や個体によっても異なるため、一概には言えません。

殻の輪脈から読んで、シジミの年齢を推定したいところですが、大きくなればなるほど輪脈が分かりにくくなり、それもなかなか難しいところです。

人間の寿命はというと、戦後間もない日本人の平均寿命が50歳であったのが、現在はいろいろな環境条件の向上により80歳にまで延びています。また、近年では100歳を超える人も珍しくありません。

実は、ヤマトシジミも環境条件さえ整えば、意外と長いことが推測されています。

一つの例として、秋田県八郎潟湖におけるシジミの確認事例があります。2006年に、1987年生まれのシジミが確認されました。つまり、この個体は少なくとも19年生きていることになり、シジミも環境条件さえ整えば20年近く生きられるということが推測できました。

しかし、これはごくまれな例で、平均的な寿命はおそらく10歳前後であると考えられています。

また、シジミは漁業資源として、全国の主な生息地で漁獲されています。シジミ漁場での確認状況からも、平均的な寿命はおそらく10歳というのは、妥当な数字であると思われます。

また、シジミが最大どこまで大きくなるかという問題も非常に難しいです。

ヤマトシジミでは殻長30ミリを超えると特大サイズとなり、割合としては非常に少なくなります。

私がこれまでに全国から集めた超特大シジミは殻長50ミリ以上あり、その中でも宮城県旧北上川の52ミリが最大でした。シジミのS、M、Lサイズと超特大シジミを並べて見ると、どれだけ大きいかが分かると思います(図参照)。

ただし、50ミリのシジミが確認されることは非常にまれで、私の経験上、通常は大きくても40ミリ前後だと思われます。

自然環境下でのシジミの寿命や最大サイズを推定するのは、事例に頼るしかなく、今のところ謎です。私のシジミの謎を解く旅はまだまだ終わりそうもありません。

(日本シジミ研究所所長、水産学博士)

＝毎週掲載＝

寿命と最大サイズ

2016年5月11日付掲載

シジミ物語
汽水湖の恵み

□22■

＜中村　幹雄＞

殻長から殻幅・重量算定

相対成長

生物の成長において、年齢と身長の関係のように、時間の経過における成長の変化は絶対成長といい、主に成長曲線で表されます。

これに対し、殻長と重量、殻長と殻幅のように、時間に関係なく全体の成長と部分の成長、あるいは部分の成長と他の部分の成長の関係を相対成長と言います。

相対成長は、一般的にはアロメトリー式というもので表され、シジミの成長に伴って、どのように形態が変化するのかを知るのに非常に重要です。

研究所で宍道湖のシジミの殻長に対する殻幅・殻高・湿重量との関係が、成長によってどのように変化するかを、調べてみました。

その結果、シジミの殻長—殻高、殻長—殻幅、殻長—湿重量の関係はそれぞれ相関が非常に高いことが分かりました（図参照）。

殻長—殻高、殻長—殻幅の関係は、どちらもほぼ直線の関係にあり、シジミの殻の形は初期の稚貝の頃から、成貝になるまでほぼ同じような割合で均等に大きくなっていくことが分かりました。

殻長—湿重量の関係は、双曲線状となっており、殻長が大きくなればなるほど、重さの割合が大きくなります。ただ、湿重量は軟体部と殻重量の合計なので、季節や場所によって多少の違いが見られると思われます。

今回求めたヤマトシジミのアロメトリー式は、実測値との相関が非常に強いため、一つの部位を測定すれば他の数値も精度よく換算することができます。

通常、宍道湖のシジミは殻幅の大きさで銘柄別に分けられており、Sサイズが殻幅11～12ミリ、Mサイズが12～14ミリ、Lサイズが14ミリ以上となっています。よって、おおよそで言うと、Sサイズのシジミは殻長17～19ミリ、重さは2～2・6グラム、Mサイズは殻長18～22ミリ、重さは2・6～4グラム、Lサイズは殻長21ミリ以上、重さは4グラム以上となることが分かります（表参照）。

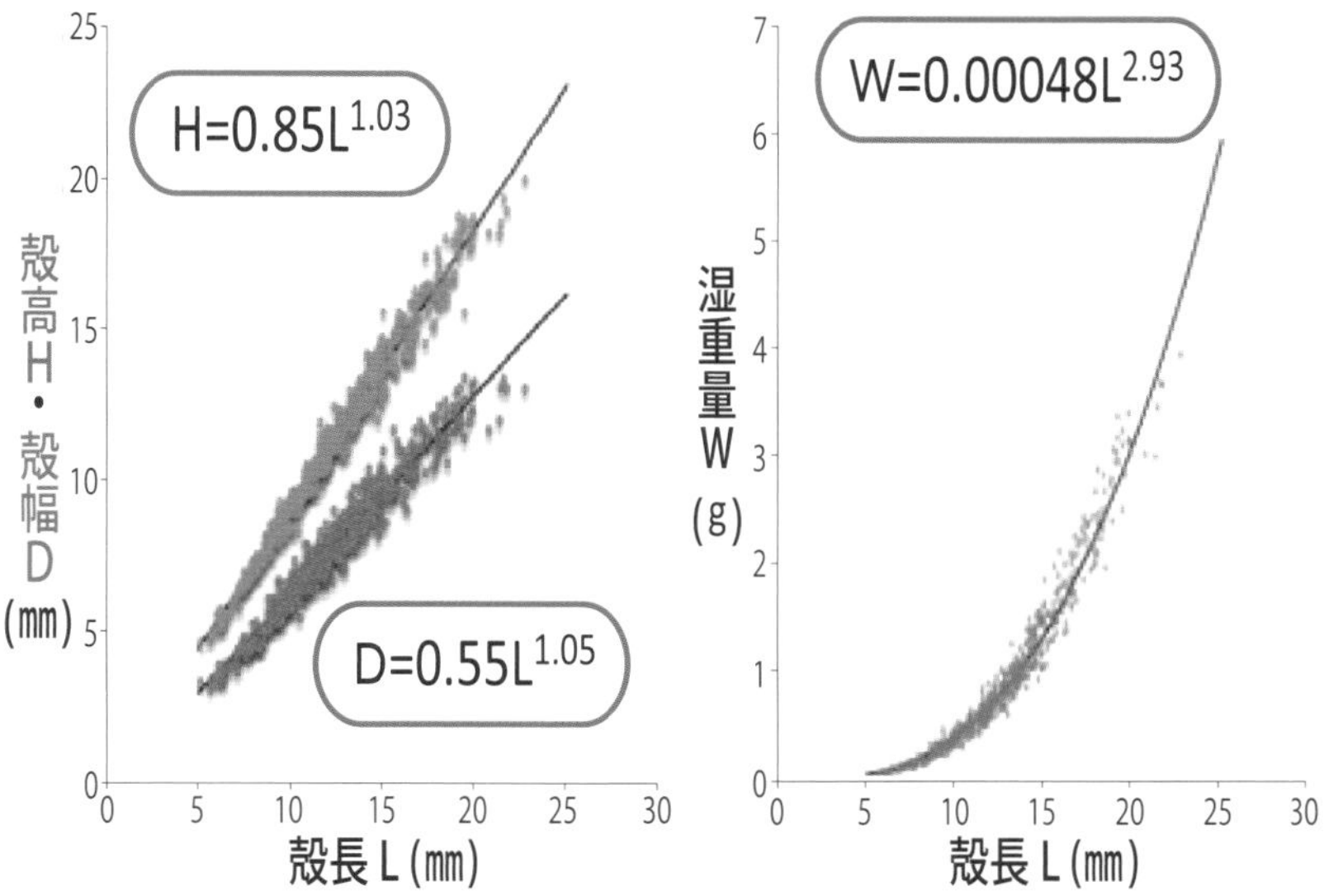

アロメトリー式は一般に $y=bx^a$ で表される（x,y は成長系の部位、a,b は定数）

宍道湖産シジミ銘柄別の推定値

銘柄	殻幅（㎜）	殻長（㎜）	重さ（g）
S	11 ～ 12	17 ～ 19	2.0 ～ 2.6
M	12 ～ 14	18 ～ 22	2.6 ～ 4.0
L	14 ～	21 ～	4.0 ～

このように、アロメトリー式によりシジミの形態変化の把握が容易にでき、シジミ産地ごとの式を求めれば、それぞれの地域の特徴をつかむのに有効と思われます。

（日本シジミ研究所所長、水産学博士）

＝毎週掲載＝

2016年5月18日付掲載

□23■

フィールド調査が必須

＜中村　幹雄＞

生態学

今までシジミに関してお話ししてきたさまざまなことは、シジミの生態学的研究によって明らかとなってきたものです。今回は、ちょっと目先を変えて、「生態学」というのはいったいどういう学問なのか、なぜ生態学が必要なのか、基本的な概念をお話ししたいと思います。

生態学とは、「生物の生命現象の科学」「生物の環境に関する科学」「生物と環境との関係を扱う科学」などと言われています。

硬い文言が並び、難しいと思われるかもしれませんが、基本的には「生物」と「環境」との関わりをさまざまな面から研究する学問であると認識していただければと思います。そして、生物の生息地によって海洋生態学、湖沼生態学などに分けられ、生物の対象によって植物生態学、魚類生態学、シジミ生態学などと呼ばれます。

また近年は、経済成長時の人為的開発行為で自然環境が悪化しました。そのため、自然再生や種の多様性などが注目され、「生物と環境との関係を扱う科学」である生態学の重要性が一般にも認識されてきています。

私がシジミの生態学で最も重要だと考える定義があります。それは、「フィールド（野外）の科学」と「環境科学」であるということです。

長年シジミに携わって感じることは、シジミの生態学の研究はフィールド調査が必須条件であり、研究室での高度な実験や分析・解析だけではシジミの本当の姿を解明することはできないということです。

フィールド調査の様子

しかし、シジミのフィールド調査には必ず調査船、複数の調査員が必要になります。また、常に気象条件に左右されるため、計画通りに進まないなど、さまざまな面で多くの労力と費用を要します。

さらに、一つ一つの現場で環境が異なるため、調査で得たデータは室内実験のそれと比べてばらつきも大きく、成果が短期間で出づらいという難点もあります。このため、最近はシジミの生態学的研究が少なくなっており、非常に残念です。

とはいえ、宍道湖においても、環境・生態系は大きく変化してきており、シジミを守っていくためには、生態学的研究の重要性を再認識し、充実させていくことが必要であると思います。

（日本シジミ研究所所長、水産学博士）＝毎週掲載＝

2016年5月25日付掲載

シジミ物語 汽水湖の恵み

□24■

〈中村 幹雄〉

生物と非生物 相互に関係

今回は「生態学」の研究の根底にある「生態系」の概念についてお話しします。

皆さんは、宍道湖のシジミの資源量が減った、もしくは増えたと聞いたら、当然その原因が何か気になるでしょう。原因を解明するためには、考えなければならない大切なことがあります。

生態系

例えば、宍道湖の環境要素である水温、塩分、溶存酸素、底質環境、プランクトンなど、さまざまな要素を調べるとします。調査からはそれぞれの数値が得られますが、数値の解析だけでは本当のシジミの増減の理由はなかなか分からないでしょう。

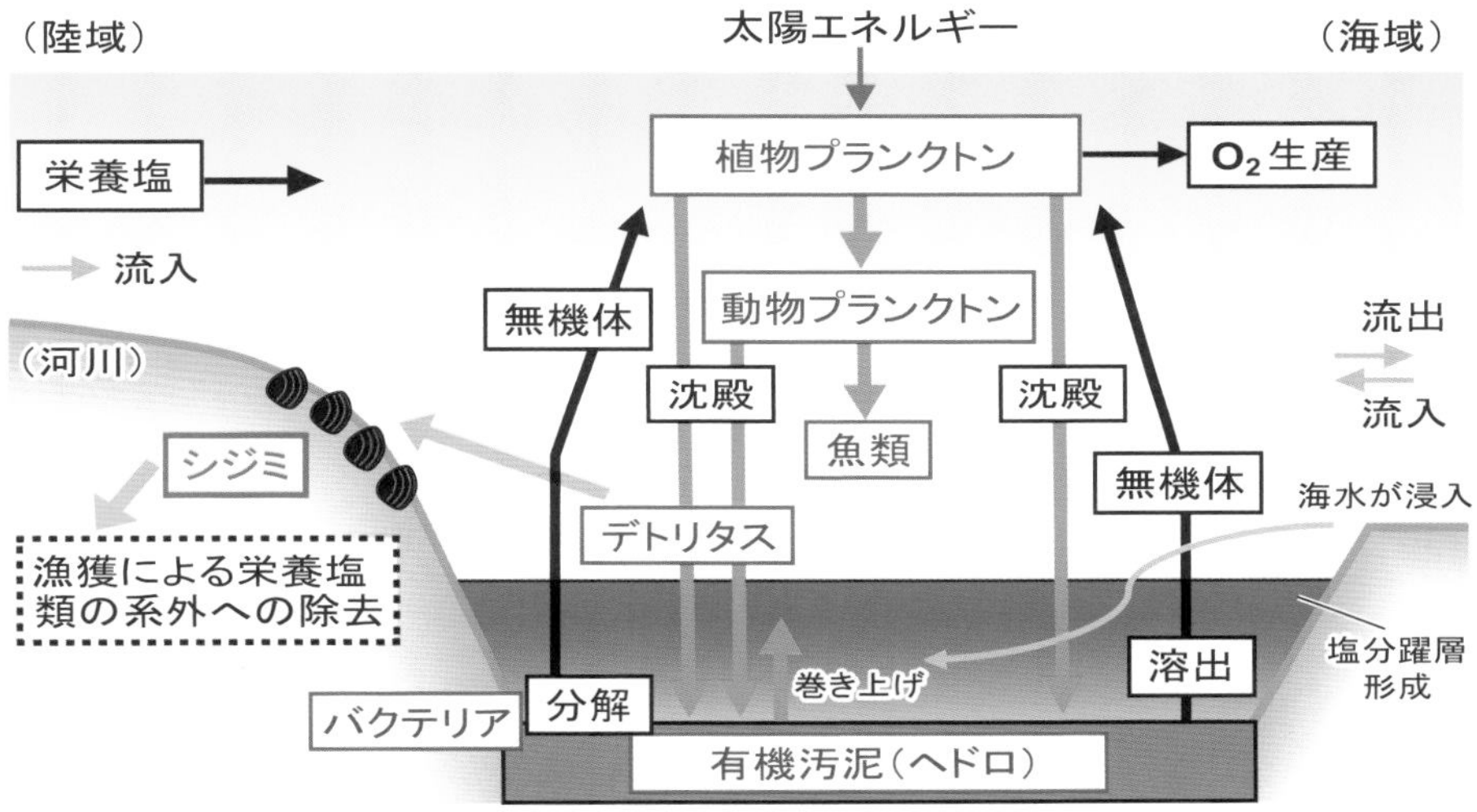

宍道湖の生態系の中にある環境要素とシジミがそれぞれどのような関係にあるのか、互いにどのように影響し合っているのかを総合的に考えて初めて、その原因が解析できると考えます。

そもそも「生態系」とは、どのような体系(システム)のことを言うのでしょうか。それは①生物的要素と非生物的要素(物理的環境)はそれぞれ等しい②生物的要素と非生物的要素は密接な関係にある③構成要素の変化は他の構成要素に影響を与える―機能系として捉えられます。つまり、「生態系」とは、生物的要素とそれを取り巻く非生物要素と合わせた、一つの機能システムなのです（図1参照）。

また、宍道湖のシジミは宍道湖という生態系の構成種の一部です(図2参照)。シジミを考えるときに大切なことは、いつでもシジミが生息する場所の非生物的要素と密接に関わっているということを忘れてはいけないということです。

私は、今までのシジミの調査・研究において、常にシジミとそれを取り巻く環境を総合的に捉えながら行ってきました。博士論文でも「宍道湖におけるヤマトシジミと環境との相互関係に関する生理・生態学研究」をまとめました。

宍道湖の生態系が乱れれば、必ずシジミの生息にも影響がでます。生態系の中で生活しているヤマトシジミにとって何よりも大切なことは、健全な生態系が保たれていることです。

次回から、シジミにとっての健全な生態系とは、どういうものか、みなさんに具体的な研究成果を紹介しながら、一緒に考えていきたいと思います。

(日本シジミ研究所所長、水産学博士)

＝毎週掲載＝

図1　生態系の概念図

非生物的要素
反作用　作用
生物的要素
生産者
消費者　分解者
水温　溶存酸素　窒素　リン　塩分
流速　水深　底質　濁り　透明度
反作用　作用　反作用　作用

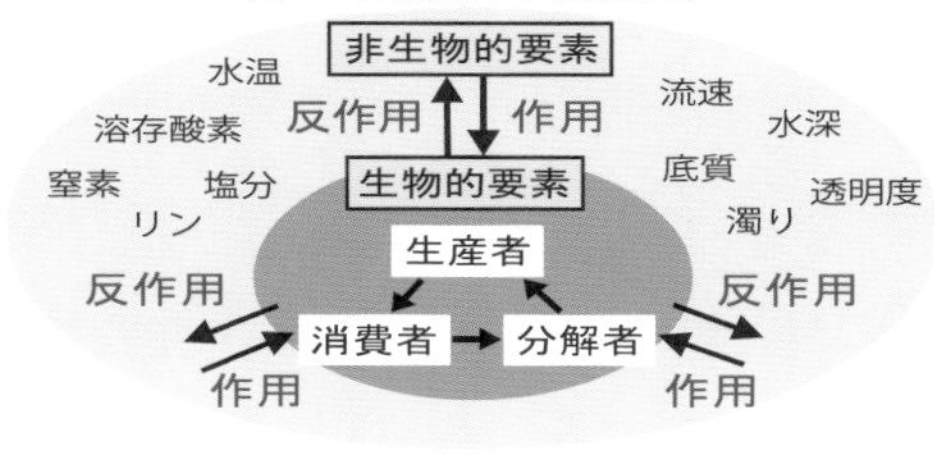

図2　宍道湖の生態系の模式図

（陸域）　太陽エネルギー　（海域）
栄養塩　植物プランクトン　O_2生産
流入　無機体　動物プランクトン　流出　流入
（河川）　沈殿　沈殿　魚類
シジミ　デトリタス　無機体　海水が浸入
漁獲による栄養塩類の系外への除去
巻き上げ　溶出　塩分躍層形成
バクテリア　分解　有機汚泥（ヘドロ）

2016年6月1日付掲載

シジミ物語
汽水湖の恵み

□25■

〈中村　幹雄〉

宍道湖シジミ研究の原点

私の宍道湖におけるヤマトシジミの調査の原点となったのは、1982年の島根県水産試験場三刀屋内水面分場と島根大学地質学教室と共同で行った総合調査でした。私が30代後半の頃でした。

調査は、宍道湖内に計248地点の調査地点を設け(図1参照)、水質、底質、ベントス(水域の底質の中に生息する生物の総称)を同時に調査する大掛かりなものでした。

何しろ34年前ですから、その手法は現在のそれと比べると、いろいろと隔世の感がします。

1982年調査

当時の試験場にはシジミに関する調査費も調査船もありませんでした。また、現在の若い研究者にとっては信じられないでしょうが、調査地点を定めるGPS(全地球測位システム)もなく、六分儀という航海計器で調査地点を割り出していました。

また、現在は自動水質計でさまざまな項目を瞬時に測定できる水質も、当時は採水器で採水した水を現場で固定した後、実験室に持ち帰り手作業で分析しました。例えば、溶存酸素はウィンクラー法、塩分はモール法という測定法で滴定しました(図2参照)。

248地点全て手作業でやるわけですから、その労力と時間は大変なものです。分析を精度よく行うにも当然テクニックが必要とされました。調査で得たデータも、今のようにパソコンが普及していないため、すべて手作業で整理し、図表も作成しました。

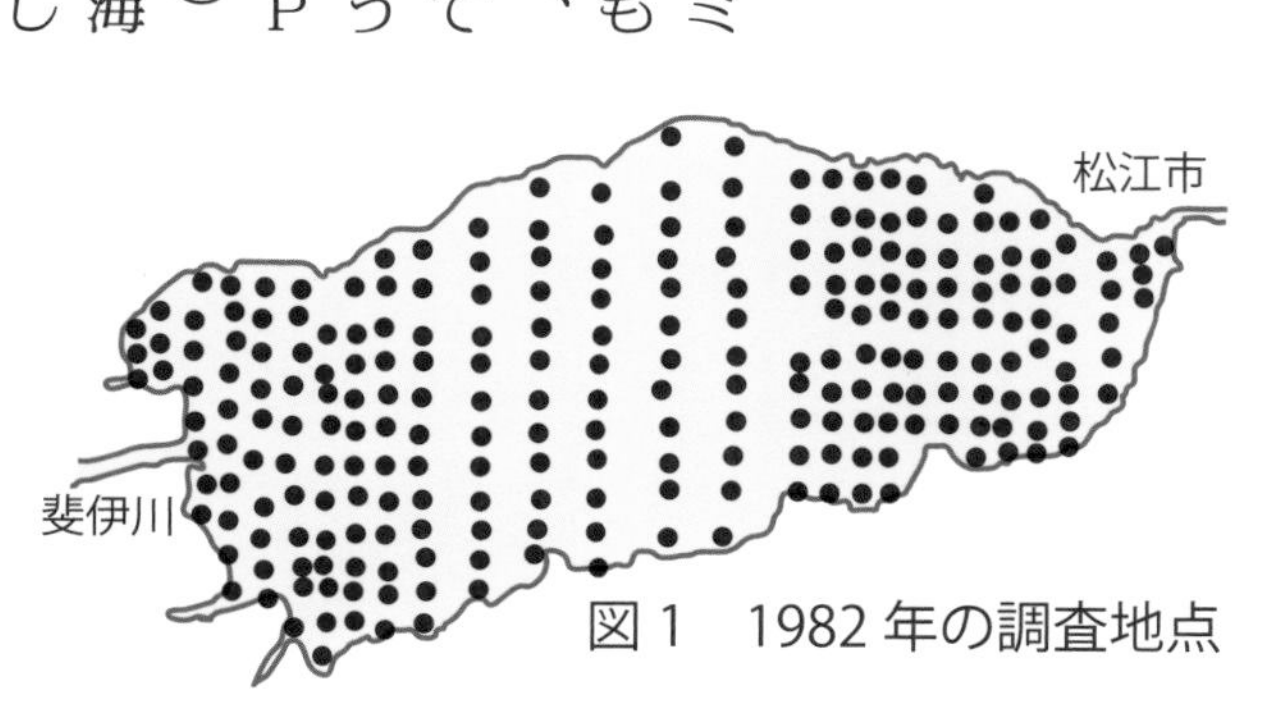

図1　1982年の調査地点

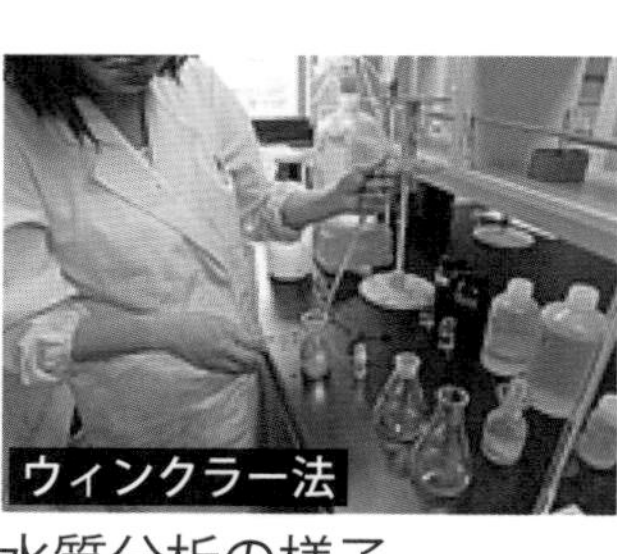

図2　室内での水質分析の様子

今考えると、かつてのフィールド調査はあらゆる面で現在とは比べ物にならないくらい非効率で、かつ合理性に欠ける大変な調査だったと思います。

しかし、この調査から、私は実に多くのことを学びました。特に、当時は調査船を所有していなかったため、多くの漁師さんに毎日お世話になり、調査を通して漁師さんからいろいろと教えをいただきました。

そして、シジミが宍道湖にとってかけがえのない貴重なものであり、シジミなくしては宍道湖の漁業は考えられないという確信を持つようになりました。

このような意味でも、この調査は私にとって非常に思い出深いものであり、私のシジミ研究の出発点となりました。

(日本シジミ研究所所長、水産学博士)

＝毎週掲載＝

2016年6月8日付掲載

＜中村　幹雄＞

□26■

湖棚部と湖盆部は別世界

湖底環境とシジミ

ヤマトシジミの生活には、生息する湖底付近の水質・底質の環境要因すべてが複合的に作用しています。

宍道湖沿岸部には、水深1~3㍍で浅い湖棚が発達しています。そして狭い傾斜部を経て、深さ4~5・5㍍の平坦な湖底平原（湖盆）が広がっています（図1、2参照）。湖棚部は約20平方㌔、湖盆部は約60平方㌔㍍の広さがあります。

湖底地形でみると、宍道湖の湖底は「湖棚部」と「湖盆部」の二つに区分されます。

湖棚部は水深が浅いため、風や波の影響を受け、上下混合など水が動きやすく、そのため底質の粒度は荒く、砂や砂礫、砂泥などで形成されます。水の動きがあるため、溶存酸素量も多く、シジミをはじめ、生物が多く生息しています。

それに対し、湖盆部は水深が深く、上下混合が起こりにくく、水が停滞します。また、周辺河川や湖棚部から運搬された軽い有機物粒子は沈殿・堆積していくため、底質の粒度は小さくなり、泥（シルト・粘土）で形成されます。

さらに、大橋川から流入する塩分を含んだ水が底層に潜り込み停滞すると、底層が貧酸素化します。酸素がなくなると、生物にとって有毒な硫化水素が発生するなど、生物がほとんど生息できなくなります。シジミを含む生物は湖盆部ではほぼ生息していません。

このように、同じ湖でも湖棚部と湖盆部では、生物にとって「天と地」の違いがあります（図2参照）。

湖棚部は生物にとって快適な場所でありますが、干拓工事による埋立てや浚渫、護岸の改修工事により近年その面積は減少しています。また、富栄養化による湖底のヘドロ化も懸念されます。

シジミは湖底の砂泥に潜在し、水管を底土表面に出して餌を取るため、湖底に泥が堆積していくと水管が埋まってしまい生きていけません。また、湖底に着定したばかりの稚貝も、粒度の小さい泥では埋没し窒息してしまいます。

湖底の泥化はシジミの生息にとって大敵です。宍道湖のシジミ資源のためには、浅場造成や覆砂事業などにより湖底環境を維持・改善していくことが大切です。

（日本シジミ研究所所長、水産学博士）

＝毎週掲載＝

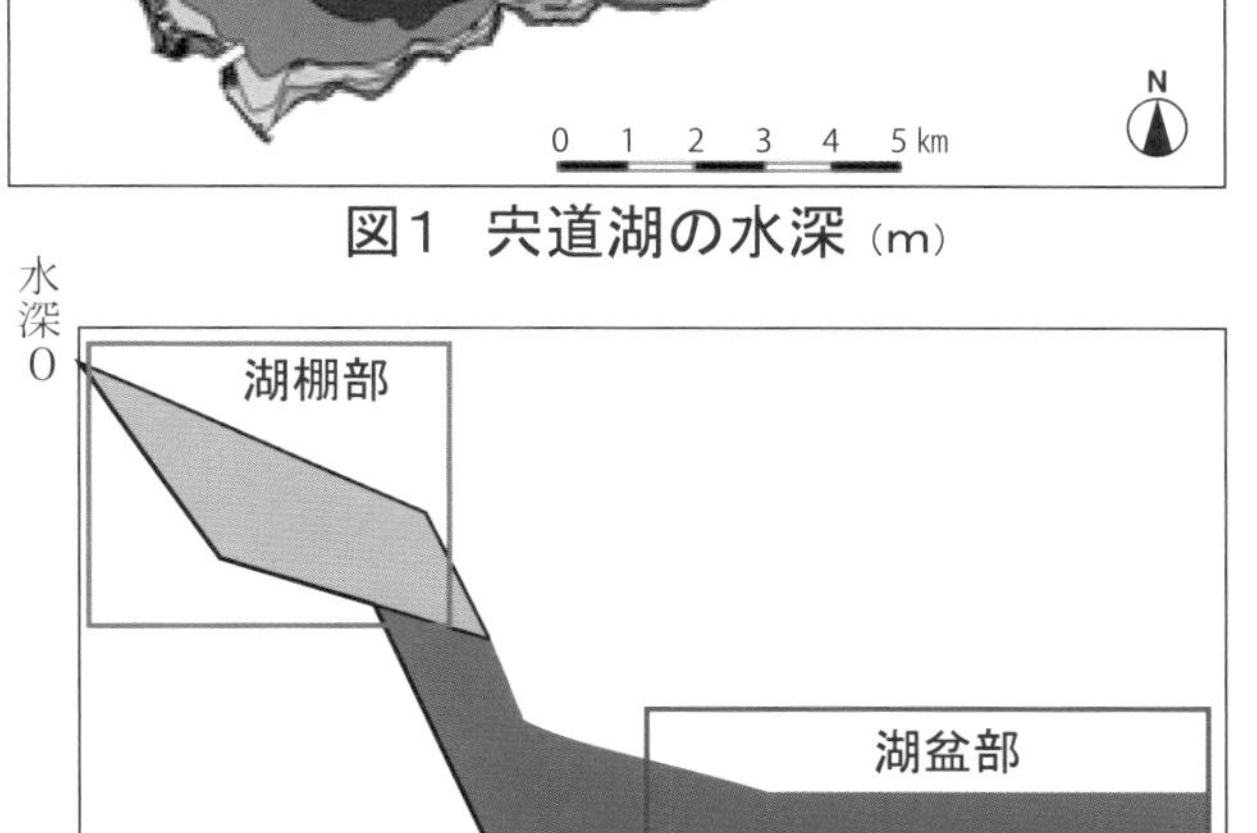

図1　宍道湖の水深（m）

水深 0

湖棚部

湖盆部

6（m）

湖底地形	湖棚部	湖盆部
底質粒度	粗砂～細砂	極細砂～シルト・粘土
シルト・粘土含有量	15%	90%
溶存酸素	飽和	貧酸素
ヤマトシジミ生息量	多い	少ない

図2　宍道湖の湖底環境

2016年6月15日付掲載

シジミ物語
汽水湖の恵み

□27■

〈中村　幹雄〉

シジミと溶存酸素

湖底に潜在するヤマトシジミにとって、底質環境は非常に重要であることを前回お話ししました。

水中に含まれる溶存酸素量もまた、シジミの生息に欠くことのできない重要な環境要因の一つです。なぜなら、シジミは入水管から水を吸い込み、鰓組織で水中の酸素を体内に取り入れ、呼吸によって生きていくために必要なエネルギーを得ているからです。

一般に、湖の表層水では空気中から溶け込んでくる酸素のほかに、植物プランクトンの光合成によって酸素が生産されます。このため、表層では年間を通して溶存酸素飽和量はほぼ100%、飽和に近くなっています。

溶存酸素量（%）
0　100　200
水深（m）
0　1　2　3　4　5　6
5月　6月　9月　12月

図1　宍道湖湖心の溶存酸素量の垂直分布

湖底の貧酸素対策が必要

一方、光が届かない底層水では、水の流れも少なく閉鎖的であるため、ほとんどの湖で富栄養化が進行し、貧酸素化します（図1参照）。

貧酸素化する主な理由は以下のとおりです。周辺河川より工業排水や農業廃水など人間活動に起因する栄養塩（窒素、リン）が湖に流入します。この豊富な栄養塩により植物プランクトンが大量に発生します。この大部分は動物プランクトンの餌となります。しかし、餌として利用されなかったプランクトンや魚類などの死骸・排泄物は湖底に沈降し有機物（ヘドロ）となって堆積します。

この堆積したヘドロをバクテリアが分解する時に水中の酸素を消費するため、ヘドロの直上水は酸素が減少します。特に夏季は、バクテリアの活動が盛んになり、湖底は酸素が非常に少なくなります。

また、海水が湖底に潜り込み水が停滞すると、湖底での富栄養化がさらに進み、ほぼ酸素が無い状態になってしまいます。湖底が無酸素状態になると、生物に有毒な硫化水素も発生します。

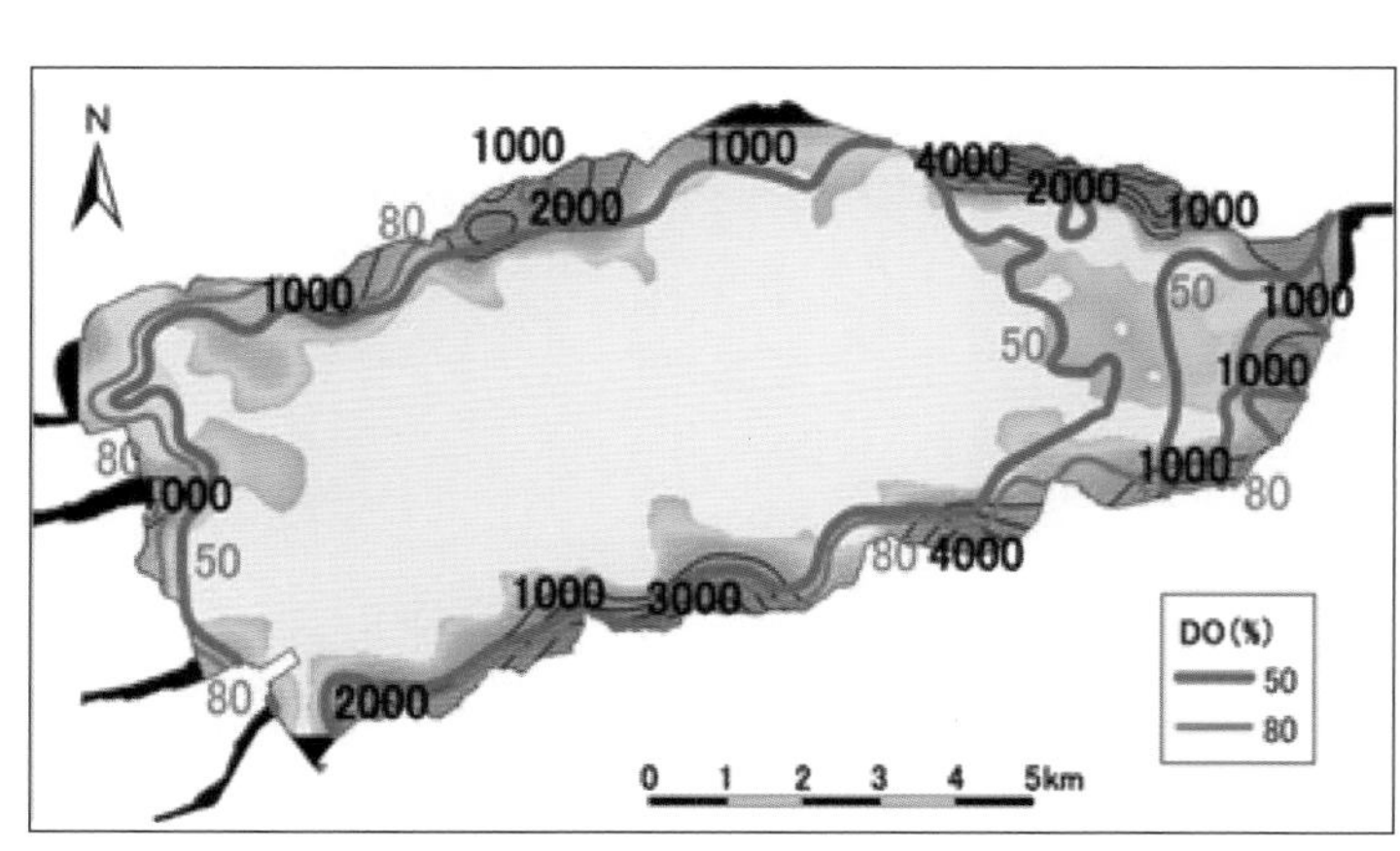

図2　シジミ生息分布と溶存酸素飽和量

私たちの調査では、宍道湖のシジミが生息するのに必要な溶存酸素飽和量は50%以上であり、特にシジミが1平方㍍当たり1千個以上と高密度で生息する好適な条件は80%以上であると推定されました（図2参照）。

このように、シジミの生息と水中の溶存酸素量の関係は非常に高く、シジミ資源の維持・改善には何よりも貧酸素対策が重要であると考えます。

（日本シジミ研究所所長、水産学博士）

＝毎週掲載＝

2016年6月22日付掲載

シジミ物語

汽水湖の恵み

〈中村　幹雄〉

□ 28 ■

粒度組成は底質分析の要

シジミは湖底に潜在して生息しているので、湖底の堆積物はシジミの生存や生息分布に直接大きな影響を与えます。従って、シジミの生息分布を調べる時には、同時に湖底堆積物を調査しなければなりません。

堆積物はさまざまな大きさの粒径を持つ粒子の集合体です。一般に、湖底堆積物の性状を見るためには、ふるいを用いて堆積物の粒子を粒径の大きさごとに分類する「粒度分析」が古くから行われています。

粒度分析は、採取した堆積物を均一にし、約110度で2時間乾燥させた後、ふるいに入れてふるいます。ふるいは上に目の大きさが粗いもの、下に細かいものを重ね、それぞれふるいに残ったものの重さを電子天秤で測定します（図1参照）。

そして、ふるいの目の2ミリに残ったものを「礫（れき）」、2ミリを通り抜け、0・075ミリに残ったものを「砂」、0・075ミリを通り抜けたものを「泥（シルト・粘土）」と分類します（表1参照）。必要に応じてさらに泥を細分化したい場合は、沈降分析という方法を用いてシルト・粘土に分けます。

湖底の底質状況を表す項目は、粒度組成の他にも強熱減量、硫化物、COD（化学的酸素要求量）などがあります。粒度組成はこれらの底質項目とも非常に相関が強いため、底質を把握するには、粒度組成を把握すれば他の主な底質項目もおおよそ予測できます。

また、粒度組成はヤマトシジミの生息分布に大きな影響を与えるので、シジミに関する調査項目の中でも非常に重要な項目です。

私の調査によると、宍道湖のヤマトシジミは沿岸部の泥含有量が低い砂や砂礫底に多く生息しており、特に泥含有量が50％以下のところに多く生息しています。一方、宍道湖の4分の3を占める湖盆部では、底質の粒度はほぼ泥で構成されているため、シジミはほとんど生息していません（図2参照）。

シジミが生息していない、粒径の小さな泥底の上に粒径の大きな砂をまく「覆砂」は、湖底の底質改善、ひいてはシジミ漁場の増大に有効な手段と考えられており、宍道湖のシジミ資源の増大にも役に立つと思われます。

（日本シジミ研究所所長、水産学博士）

＝毎週掲載＝

湖底堆積物

表1　堆積物の粒径による分類

粒径(mm)	75	2	0.075	0.005
堆積物	礫	砂	シルト	粘土
			泥	

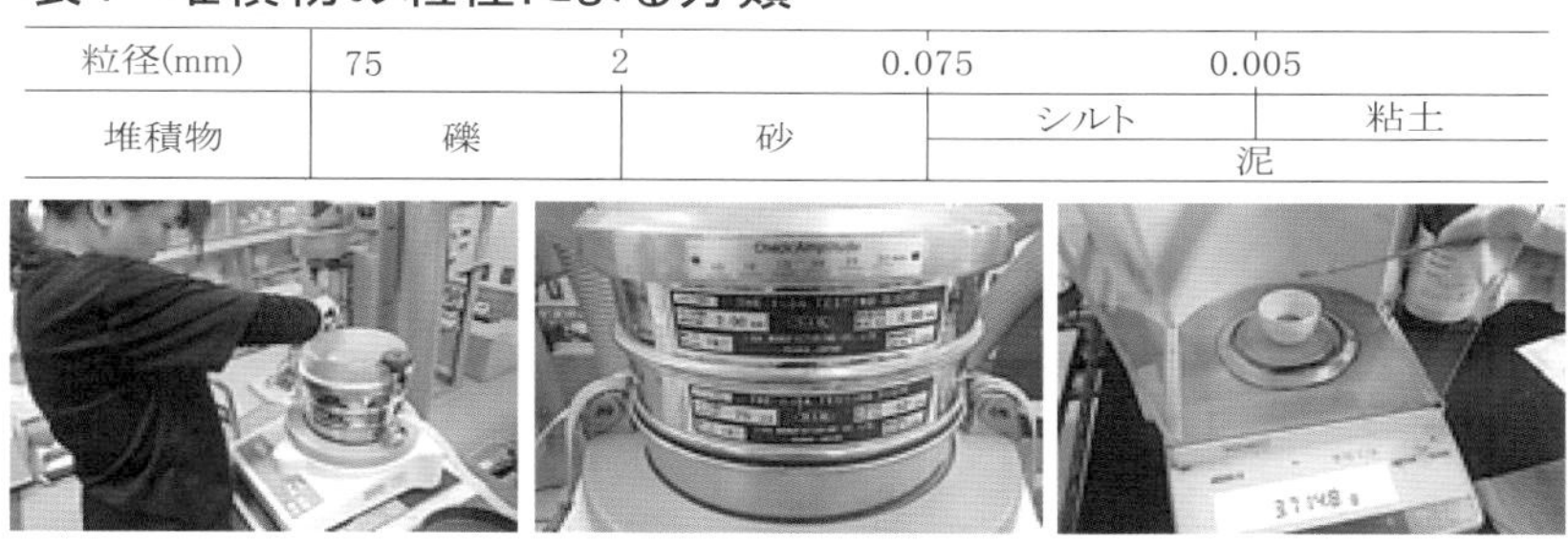

図1　粒度分析の様子

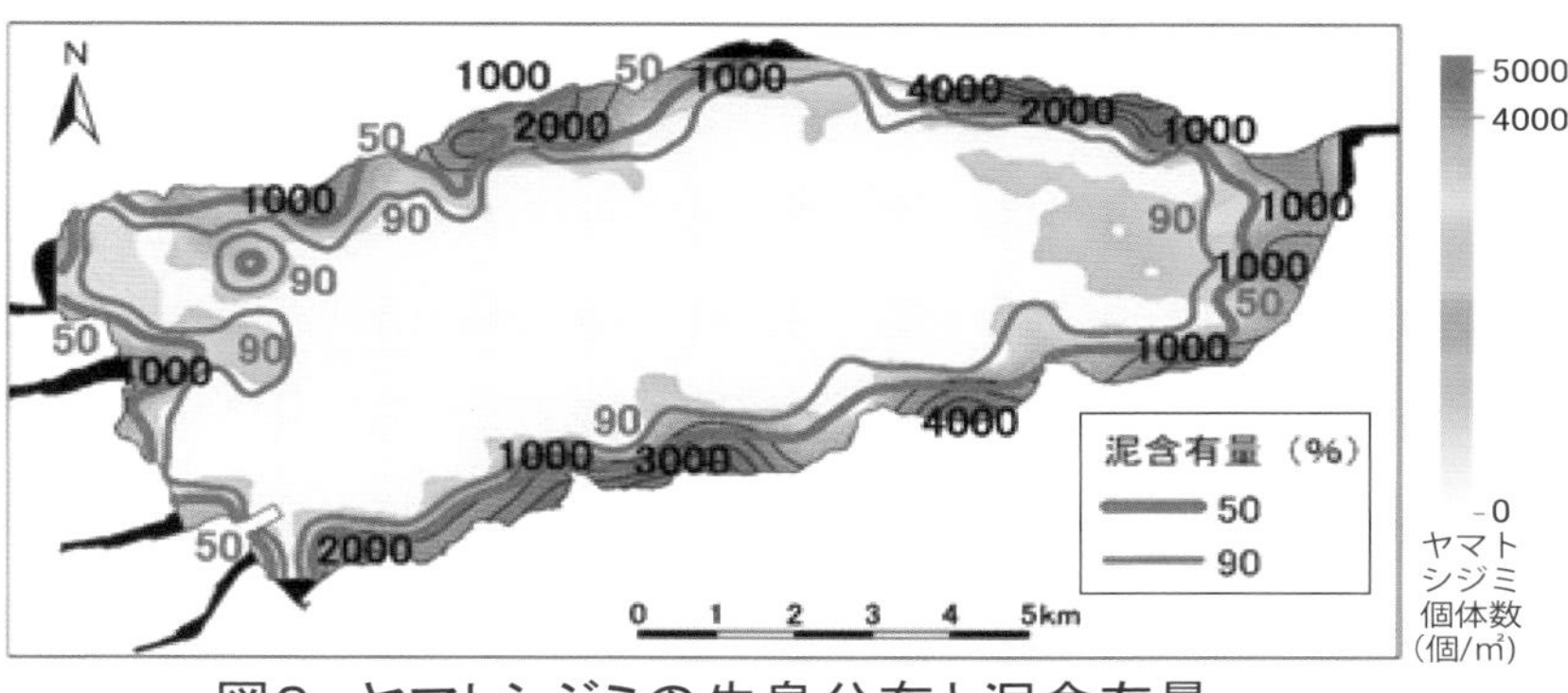

図2　ヤマトシジミの生息分布と泥含有量

2016年6月29日付掲載

シジミ物語

汽水湖の恵み

□29■

〈中村　幹雄〉

調査船で始まる湖沼研究

湖沼でのシジミの生態調査には調査船が欠かせません。

私がかつて、島根県水産試験場で宍道湖でのシジミ調査を行っていた頃は調査船がなく、調査のたびに宍道湖の漁師さんにお願いしてシジミ船を出していただきました。今でも、船を出してくれた漁師さんたちには感謝しています。

しかし、将来的にやはり試験場独自の調査船を所有すべきだと考えていたため、調査に特化した双胴船「はるかぜ」（1992年）、「ごず」（98年）を建造しました。「ごず」は現在も試験場の調査船として活躍しています。

調査方法

この双胴船の建造にあたり求めた条件は①安全性②船上での作業性に優れている③水深が浅い場所での操船が容易である④ある程度の速力が出る⑤調査に必要な機器類が装備されている―ことでした。

当時、内水面試験場でこのような双胴船を造ることは全国初であり、かなり苦労して造った思い出があります。しかし、これらの船のおかげで、その後の宍道湖や中海でのシジミや生物調査に大いに役立てることができました。

試験場を退職し、日本シジミ研究所を設立した後でも、独自に船を持ち現場に出て調査をするという考えは変わっていません。

当然のことながら、船を所有するには燃料や維持管理費などがかかります。研究所設立当初は漁業者から古いシジミ船を譲り受け、調査船としての条件に合うように改造して使用していました。また、船の運航や船上作業には船長や乗組員共に大きな危険が伴います。

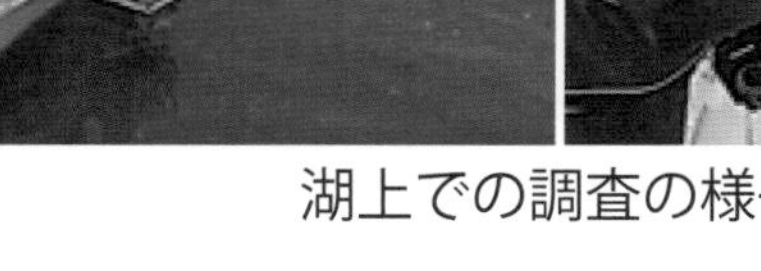

湖上での調査の様子

それでも、現場にすぐ出て調査ができるという利点に優るものはないと考え、研究所では現在、宍道湖・大橋川・中海それぞれに調査船を計10隻配置しています。

ここで重要なことは、船を操縦し船上で作業するにあたって、常に安全に気を付けて行うということです。船上は常に不安定で危険を伴うため、常に船長の経験や決断に従うことが非常に大切になります。また、気象条件や波の状況にも気を付けならが、船長も乗組員も細心の注意を払って効率よく作業を行うことが必要です。

（日本シジミ研究所所長、水産学博士）

＝毎週掲載＝

2016年7月6日付掲載

＜中村　幹雄＞

□30■

精度高いハンド・スミス

シジミが湖底に潜って生息していることは、もう皆さんご存じだと思いますが、では、どのように分布しているのかご存じでしょうか。

実は、シジミは湖底に不均一に集中的に（パッチ状と呼ぶ）分布しています。

従って、シジミ分布調査から得られる結果の信頼性や精度は、その採集場所や方法などによって大きく異なります。

その中で特に大切なことは、適切な採集を行い、できるだけ誤差を少なくすることです。

現在、湖沼でのシジミの採集方法は、湖底の一定面積から採泥した堆積物をふるいで洗い、シジミを拾い出します。その後、シジミの数や質量など調査を計測する方法が用いられます。

採泥器

湖底堆積物を採る採泥器は、古くからいろいろと考案されてきましたが、現在主に用いられているものは、「エクマンバージ採泥器」と「スミス・マッキンタイヤー型採泥器」の二つです。

これらの採泥器は、左右に開いた採泥部を湖底上で閉じることで底質をつかみ取る方式のもので、それぞれ特徴があります（表参照）。

しかし、両方とも風や波などさまざまな条件によって採泥量が異なってしまうことや器具の構造上の問題、また船上からの採泥作業のため、泥の深さが十分でない場合があり、その場で生息するシジミの全量を採集できないことがあります。このため、調査から得られたシジミのデータはある程度の誤差が生じることは避けられません。

そこで、これらの問題点を解消するため、シジミ研究所では、スミス・マッキンタイヤー型採泥器を改良し、潜水して人力で採泥する「ハンド・スミス採泥器」を用いています。この方法は、湖底状況を見ながら十分な深さまで押し込むことができるため、そこに生息するシジミの全量を採ることができると考えています。

もちろん、潜水という特殊技術を要するため、全ての調査でできる訳ではありませんが、エクマンやスミスなどの方法に比べて精度が高まるため、シジミの調査には欠かせない方法となっています。

（日本シジミ研究所所長、水産学博士）

＝毎週掲載＝

主な採泥器の比較

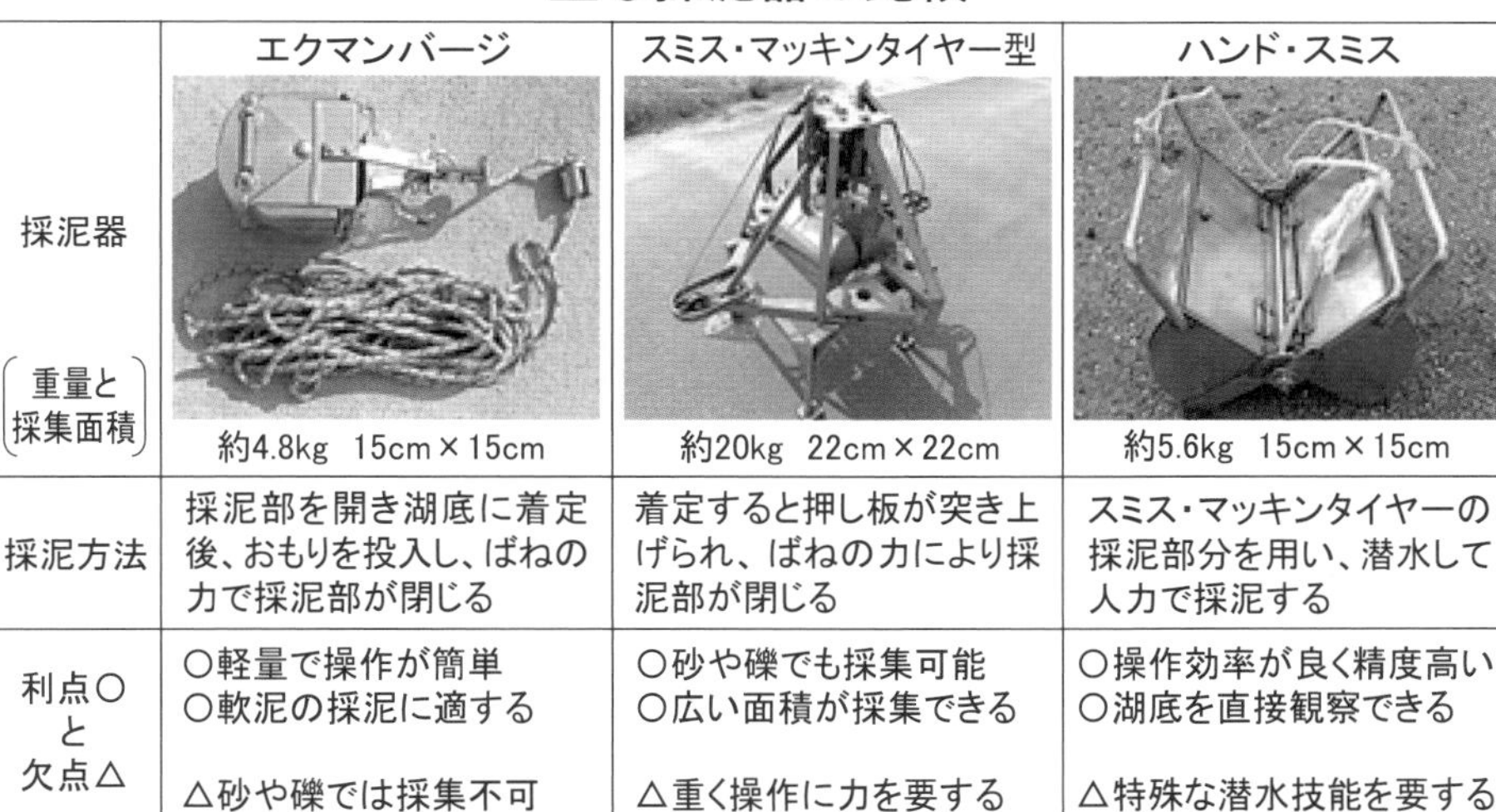

	エクマンバージ	スミス・マッキンタイヤー型	ハンド・スミス
採泥器 （重量と採集面積）	約4.8kg　15cm×15cm	約20kg　22cm×22cm	約5.6kg　15cm×15cm
採泥方法	採泥部を開き湖底に着定後、おもりを投入し、ばねの力で採泥部が閉じる	着定すると押し板が突き上げられ、ばねの力により採泥部が閉じる	スミス・マッキンタイヤーの採泥部分を用い、潜水して人力で採泥する
利点○と欠点△	○軽量で操作が簡単 ○軟泥の採泥に適する △砂や礫では採集不可	○砂や礫でも採集可能 ○広い面積が採集できる △重く操作に力を要する	○操作効率が良く精度高い ○湖底を直接観察できる △特殊な潜水技能を要する

2016年7月13日付掲載

□31■

覆砂工法により漁場拡大

＜中村　幹雄＞

　これまでお話ししてきたように、宍道湖においてヤマトシジミの資源量の減少の原因が、主に浅場の消失や底質の泥化（ヘドロ化）、湖底の貧酸素化などであることが明らかとなっています。

　従って、シジミ資源の増大のためには、こうした原因の解消が必要であり、その対策が求められます。

　有効な解決策の一つとして、湖底に堆積した泥の上に砂をまいて泥を覆う「覆砂」工法があります。覆砂により貧酸素化の防止や底泥からの窒素やリンの溶出の防止、シジミの生息環境の改善などが期待されます。

　島根県内水面水産試験場（当時）では、1993年から宍道湖西部において広さ100㍍×100㍍（1万平方㍍）に30～70㌢の厚さで砂を入れ、覆砂の効果実験を行いました。

　この覆砂実験では、覆砂をした「覆砂区」と覆砂してない「対象区」を設け、その後のシジミの生息量を比較しました。

底質改善

　3年後のシジミの個体数と重量は、覆砂区で1平方㍍当たり3570個、1650㌘でした。一方、対象区では1平方㍍当たり100個、27㌘であり、覆砂区が対象区と比べてシジミの生息量が圧倒的に多いという結果が得られました。

　これは、覆砂工法によって底質が改善されたためにシジミの生息量が増加したと考えられ、覆砂工法の有効性が実証されました。

　しかし、覆砂が必ずしも常にうまくいくとは限りません。時には周辺から貧酸素水塊が覆砂区に浸入し、そこで発生、生息しているシジミが夏場に大量にへい死することもあります。

　従って、覆砂と併せて、貧酸素水塊の影響を受けにくい浅い場所を人為的に造成する「浅場造成」を行うことが重要です。

　浅場造成は、風や波浪などにより、湖の表層と底層の水の混合が起こり、表層の酸素が底層に供給されるため、底層が貧酸素になるのが抑制されるとともに、懸濁物の湖底への堆積も少なくなります。

　従って、覆砂と浅場造成を併せて行うことは、一層効果的なシジミの漁場造成を行うことができると考えられ、底質改善とシジミ漁場の改善・拡大に最も有効な対策であると考えます。

（日本シジミ研究所所長、水産学博士）

＝毎週掲載＝

個体数　■覆砂区　■対象区
個体数（個／㎡）　0　10000　20000　30000　40000　50000
湿重量
湿重量（g／㎡）　0　1000　2000　3000
10　1　4　7　10　1　4　7　10　1　4　7
1993　1994　1995　1996

図　覆砂区と対象区におけるシジミの変化

2016年7月20日付掲載

シジミ物語
汽水湖の恵み

□32■

〈中村　幹雄〉

元滋賀県知事の嘉田由紀子氏は、著書「水辺遊びの生態学」の中で、近年、水辺で遊ぶ子どもの姿を見ることができなくなってしまった現状を嘆き、水辺で遊ぶ子どものことを「絶滅危惧種」と表現しています。

昭和17年生まれの私は、水田や小川でフナやドジョウを手づかみで捕り、宍道湖では岸部でシジミを足で探りながら手で採って遊びました。

こうした幼き頃の「水遊び」の体験は、今でも大切な思い出として私の心に刻み込まれています。

しかし、現在、身近な川や湖の環境は、昭和30年代に始まった高度経済成長時に大きく変貌しました。

川も湖も直線化され、コンクリート護岸に変わり、そこに生息する魚や他の生物も少なくなりました。また、多くの学校や親は子どもに川や湖は危険な場所として水遊びを「禁止」しました。そして、川や湖はますます子どもたちから遠い存在となってしまいました。

子どもに再び「水遊び」を

体験学習

体験学習

子どもの頃に川や湖で遊ぶことなく成長し大人になったとき、本当に川や湖の自然環境や生態系を理解し、自然を、愛し、守っていこうという気持ちが湧いてくるでしょうか。

私は水遊びする子どもたちが少なくなってしまったことを非常に危惧しています。

そこで日本シジミ研究所では、設立当初から宍道湖漁協の了解を得て、研究所の前の宍道湖で子どもたちが湖に入って泳ぎ、潜り、手で湖底を探ってそこに生息するシジミを直接採る「水遊び」を企画し実施しています（写真参照）。

最初、湖の中に入ることを怖がったり、素足で湖底の砂泥に触れることを嫌がったりしている子どもたちも多くいますが、しばらくするとみんなが生き生きと夢中になって遊び始めます。

水から上がると、子どもたちは大きな鍋で作ったシジミ汁を食べます。宍道湖で遊び、シジミを採った後のシジミ汁は格別のようで、ほとんどの子どもが何杯もお代わりをします。

その姿を見ると、子どもにとって水遊びをする機会がいかに大切かを改めて実感します。かつてのように子どもが魚やシジミを採り、安心して遊べる水辺を、これから私たち大人が再生していくことが必要だと思っています。

（日本シジミ研究所、水産学博士）

＝毎週掲載＝

2016年7月27日付掲載

〈中村　幹雄〉

□33■

窒素循環に大きな役割

宍道湖の貴重な水産資源であるヤマトシジミは、実は湖内の窒素循環にも大きな役割を担っています。

窒素循環とは、簡単に言えば生態系の中で大気と生物間を生物に利用されながら循環している窒素の流れのことです。

宍道湖の窒素循環の中で、シジミの役割を明確にすることは、湖の物質循環の把握や底質・水質などへの影響に果たす役割を明らかにすることにつながり、非常に重要なことです。

この役割を明確にするため、1982年に行った宍道湖でのシジミ調査結果から、宍道湖の窒素循環を定量化しました。

まず、シジミの生息量を調査し、室内実験を繰り返し行い、シジミによる有機態窒素のろ過速度と無機態窒素の排出速度を測定しました。得られたデータからシジミの体内に取り込む窒素量と排出する窒素量を算出しました。

また、シジミの漁獲による窒素含有量の系外への窒素除去量についても算出しました。

この他、斐伊川から流入する窒素や宍道湖で生産される窒素、湖底からのアンモニア態窒素の溶出なども考慮し、宍道湖の窒素循環を模式図としてまとめました（図参照）。

この分析では、宍道湖のヤマトシジミは1日に22トンもの窒素を取り込み、水中の窒素同化産物として133・3トンの窒素を体内にストックしています。

また、シジミは1日当たり推定6・5トンもの糞を排泄します。また、尿としてアンモニアの形で1日当たり3・9トンの無機態窒素を排出します。

排出された糞は、他のゴカイなどのベントス（水域の底質の中に生息する生物の総称）の餌となり、無機態窒素のほとんどは植物プランクトンによって再利用され、そのプランクトンをシジミが餌として食べます。

さらに、宍道湖での漁獲量が年間約1万5千トン（1982年）なので、シジミの漁獲により1年間に67トン、1日に約0・2トンの窒素が湖外に持ち出されることになります。

このように、シジミは宍道湖の窒素循環の中で非常に重要な役割をしており、宍道湖の生態系の中で、最も重要な役割を持つ生物であると考えます。

（日本シジミ研究所所長、水産学博士）

＝毎週掲載＝

物質循環

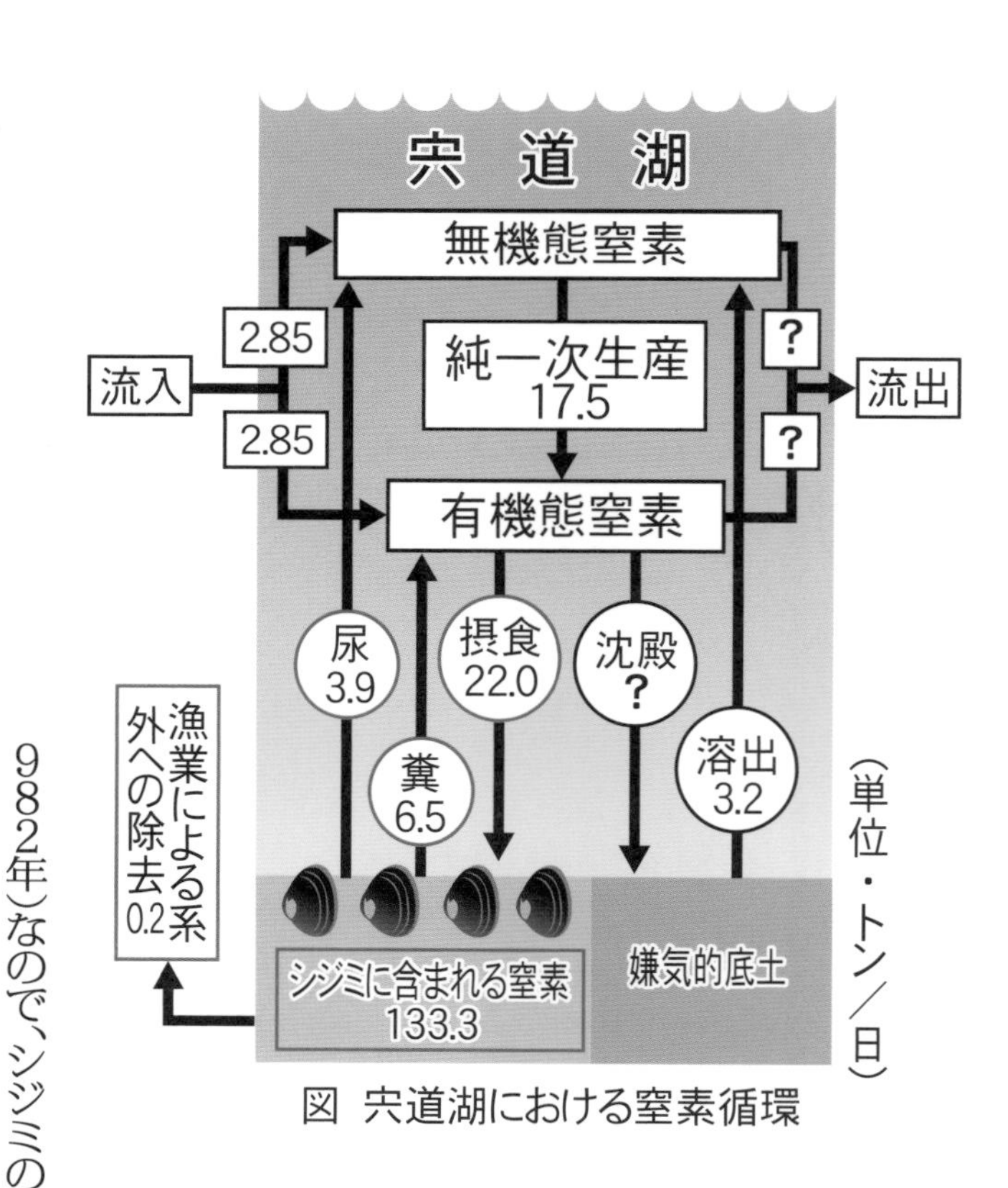

図　宍道湖における窒素循環

2016年8月3日付掲載

〈中村　幹雄〉

□34■

シジミ漁が大きな役割

前回、宍道湖の窒素循環において、シジミは重要な役割を担っているというお話をしました。

その中で注目すべき点は、シジミ漁業が栄養塩（窒素やリンなど）を系外に回収して、湖沼を浄化しているということです。

水質浄化

湖の中では富栄養化の原因物質となる窒素やリンが作られます。シジミはこの窒素やリンから作られたさまざまな有機懸濁態を体内に取り入れ貯蔵しています。

このシジミを、漁獲という形で日々、湖の外に取り出していますが、実際にどのくらいの量の窒素が湖外に持ち出されているのでしょうか。

まず、シジミに含まれる窒素量を軟体部と貝殻部に分けて分析した結果、軟体部は100グラム中1473ミリグラム、貝殻部は100グラム中251ミリグラムの窒素が含まれていました。

この結果と当時の宍道湖の漁獲量（1982年）により、漁獲による湖外への窒素の持ち出し量は、軟体部で年間約42・6トン、貝殻部で約23・9トン、両方合わせて年間約66・5トンになります。そして1日あたり約0・2トンの窒素が、漁獲により湖外へ持ち出されていると算出されました。

窒素と同様にリンでも計算してみたところ、リンは年間約5・8トン、1日あたり約0・016トンが湖外に持ち出されていました。このことは大変重要な意味を持っています。

現在、湖の中に入った栄養塩を除去する有効な方法は見当たりません。湖内のヨシなどの水草も水中の窒素、リンを利用して成長しますが、その水草を切り取って湖外に持ち出さなければ、水質浄化に役立ちません。しかし、この作業には費用と労力を必要とします。

また、ヘドロ底を取り除く浚渫（しゅんせつ）も一時期膨大な費用をかけて行われましたが、その効果は費用に見合うものではありませんでした。

それに比べて漁業による窒素の持ち出しは、費用をかけず日々の生業の中で水質浄化ができます。まさに、一石二鳥とはこのことです。

このように、シジミ漁業は宍道湖の環境保全に大きな役割を果たしており、環境産業としての面も持っていることを多くの人に認識していただきたいと思います。

（日本シジミ研究所所長、水産学博士）

＝毎週掲載＝

宍道湖でのシジミ漁の様子

2016年8月10日付掲載

シジミ物語 汽水湖の恵み

＜中村　幹雄＞

□35■

水質浄化に大きな役割

シジミは、入水管から湖水と一緒に植物プランクトンやデトリタスなどの浮遊している懸濁物を取り込み、鰓で濾し取り餌として体内に取り入れます。そして、懸濁物を濾し取られた水を出水管から湖に戻します。このような生物を「ろ過食者」といいます。

ろ過作用

では、シジミは宍道湖の水をどれだけろ過するのか、ろ過することで宍道湖の水質にどのような影響を与えているのでしょうか。定量化してみました。

水温28度の実験下において1㌘のシジミは、1時間に0・17㍑の水をろ過していました。

宍道湖におけるシジミの資源量は湿重量で約3万1千㌧（1982年）であるので、シジミ全個体によるろ過水量は1時間あたり約53億㍑になります。

さらに、宍道湖の貯水量は3660億㍑であるので、シジミが宍道湖の全湖水をろ過するのに要する日数は約2・9日であると試算されました。

ただし、これはあくまで一つの条件のもとでの試算結果です。現在のシジミの資源量で試算すると異なる値になるでしょう。しかしいずれにせよ、シジミのろ過水量が私たちの想像以上に大きいことには間違いありません。

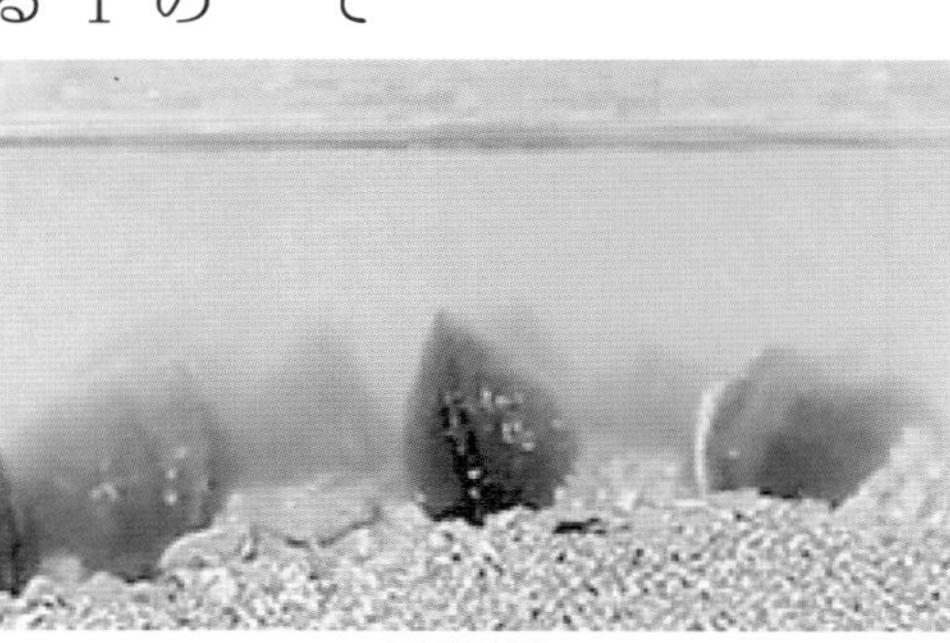

ろ過前

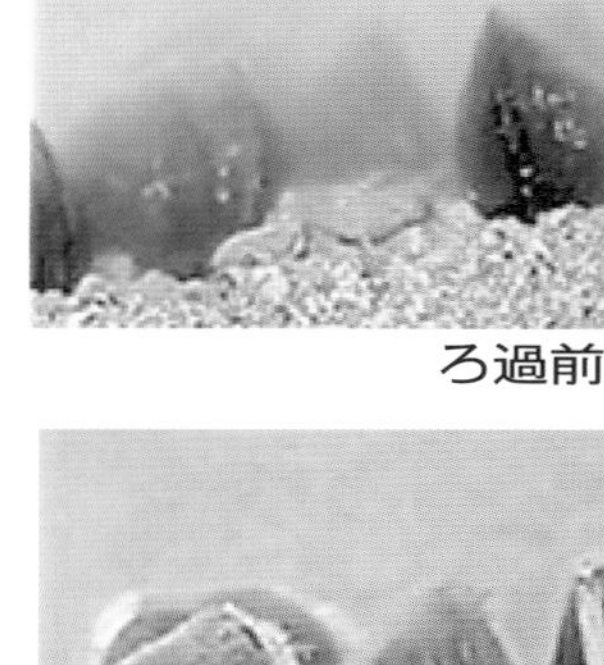

ろ過後

このシジミのろ過作用は、簡単に言うと濁った水をろ過紙でろ過し、透明な水にするという作用といえば分かり易いでしょう。

私がこのことを説明するときによく用いる方法ですが、水槽に植物プランクトンが発生して緑色に見える水の中にシジミを10～20個入れます。すると、シジミが植物プランクトンをろ過し、緑色だった水がだんだん薄くなり、数時間後には透明になります（写真参照）。これは、目に見る形でろ過作用が認識できるので、分かり易い上にろ過作用を実感できる面白い方法です。

また、仮に宍道湖にシジミがいなくなった場合のシミュレーションをした結果、シジミのろ過作用がなくなるため、宍道湖の湖底に堆積する堆積物は4・2倍増え、泥化が急激に進むという報告もされています。

これらのことからも、シジミは宍道湖の水質浄化に非常に大きな役割を果たしているといえます。

（日本シジミ研究所所長、水産学博士）

＝毎週掲載＝

2016年8月17日付掲載

シジミ物語

汽水湖の恵み

〈中村　幹雄〉

□36■

変化にどこまで耐える

環境耐性

生態系は、ある空間に生きるすべての生物とそれらを取り巻く環境要素で構成される複雑なシステムのことを言います。

その生態系の中にいる生物種は、さまざまな無生物的な環境要素の影響を複合的に受けて生活しています。

その環境要素は一定不変ではなく、常に変化します。よって、そこに生息する生物は、この環境要因の変化に対して常に適応して生きていかなければならず、適応できる生物のみが、生態系の中で自らの位置を獲得できるのです。

反対に、環境要因の変化に適応できなかった場合、あるいは適応の範囲を超えたとき、その生物は生命を維持することができなくなります。

ヤマトシジミが生息する宍道湖（汽水域）の生態系は、河川や海域に比べてその環境が時間的、空間的に大きく変化するのが特徴です。特に、水温や塩分は年間を通じて大きく変動します。夏季には、海水が宍道湖に流れ込み塩分躍層が生じて底層が貧酸素になる貧酸素水塊が形成されます。さらに、それに伴う硫化水素の発生もしばしばみられます。

このような宍道湖の生態系の中で、ヤマトシジミは底生生物の99%以上を占める圧倒的な優占種となっています。つまり、このような変化の激しい生息環境の中でヤマトシジミが生きていくには、環境変化に対する強い耐性と適応能力を持っていなければ汽水の生態系の中で生き残れないはずです。

シジミを取り巻く環境要素（イメージ）

従って、このシジミ自身が持っている環境に対する耐性について調べることが、宍道湖の圧倒的優占種となっている理由を明らかにすることにつながります。

そのため、私は汽水域での環境変動の主な要因と考えられる水温、塩分、溶存酸素量、硫化水素に対するヤマトシジミのそれぞれの耐性について、さまざまな条件下で室内実験を行いました。また、主に中海に生息するアサリやサルボウ、ホトトギスガイとシジミの耐性も比較検討しました。

ここで得た多くの知見は、研究論文として報告しました。次回から数回に分けて、この研究の中から主な結果について紹介していきたいと思います。

（日本シジミ研究所所長、水産学博士）

＝毎週掲載＝

2016年8月24日付掲載

□37■

〈中村　幹雄〉

生理活性に大きな影響

水生動物のほとんどは、その体温が環境の水温に支配される変温性です。従って、動物は絶えずこの水温の変化にストレスを受けながらも、体内の代謝や補償によって生命活動を維持しています。

ヤマトシジミも同様に、気象条件の影響を受けやすく、水温変動の大きい宍道湖（汽水湖）で生息しているため、水温変動に強い耐性を持つ広温性の動物と推察されます。

その耐性を調べるため、シジミを水槽に入れ、水温を徐々に上昇させる水温上昇実験と、徐々に低下させる降下実験を行いました。

水温上昇実験では、水温18度から40度まで2度ずつ水温を上昇させた結果、18度から35度までは成貝、稚貝とも90%以上が生残していました。しかし、36度を過ぎると生残率は急激に低下し、40度になった2日後には全てへい死しました（図1参照）。

水温降下実験では、水温13度から0度まで下げた結果、へい死個体はみられず、再び水温を上げても全て生残していました。

両実験より、ヤマトシジミは低水温に強いこと、また成貝と稚貝の生残率の違いはほとんどなく、水温耐性能力に差はないと考えられました。

では、高温を長期間続けた場合はどうでしょう。28度から38度まで2度置きに水温を設定し30日間飼育した結果、28度から32度までは全期間生残していました。よって、シジミの生存可能な上限水温は32度であると考えられました（図2参照）。

宍道湖の底層水の水温変化は、年間を通じて1度から30度の範囲にあります。このため、通常宍道湖の水温変化によってシジミがへい死することはないと思われます。

しかしシジミの生理活性からみると、例えば水温が20度から30度に10度上がるとシジミの活性が2倍になり、必要とする酸素は2倍となります。一方で、水に溶け込む酸素の量は2分の1に減少します。

従って、水温が30度になると、水中の酸素不足によってへい死する危険性が4倍に増します。このように、水温はシジミの生理に強い影響を与え、特に高温域への急激な温度変化は生存に大きな影響を及ぼすと考えられます。

（日本シジミ研究所所長、水産学博士）

＝毎週掲載＝

水温耐性

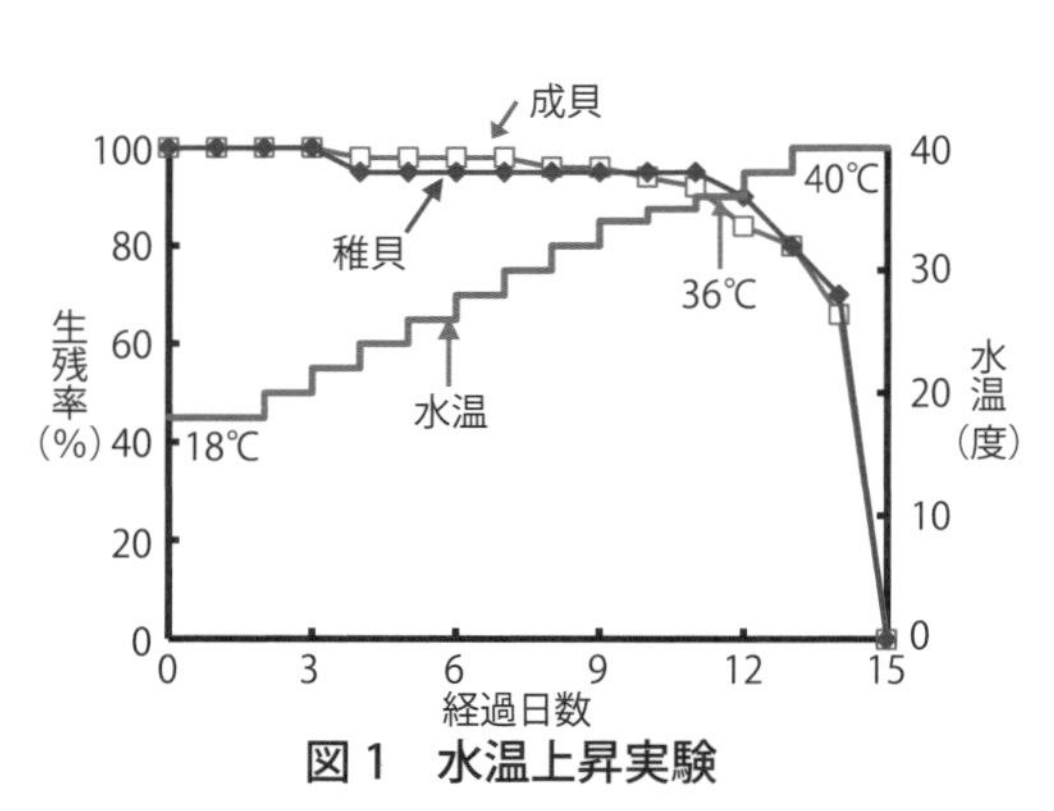

図1　水温上昇実験

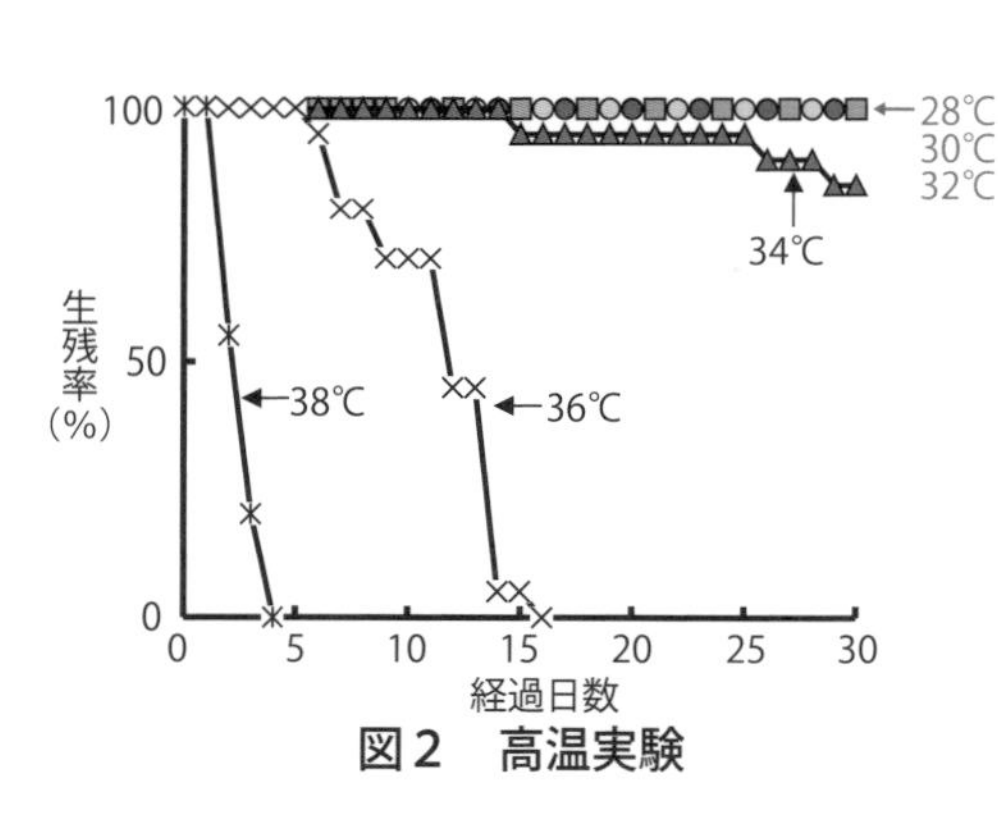

図2　高温実験

2016年8月31日付掲載

〈中村　幹雄〉

汽水域の変動に強い

汽水域の大きな特徴の一つは、塩分変化が他の水域に比べて時間的・空間的に大きいことです。

前回お話しした水温耐性と同様、このような環境に優占的に生息しているヤマトシジミは、塩分にも強い耐性を持っていると思われます。

このことを踏まえて、シジミの塩分耐性がどれだけ大きいのかを、水温別やシジミの大きさ別などいくつかの条件で実験してみました。

塩分耐性

まず、低水温下（10度）と高水温下（25度）における濃度別の生残率の変化を調べました。

その結果、10度、25度ともに塩分が1・5〜22psuにおいて生残率はほぼ100%でした。しかし、0psu（真水）と高塩分の32psu（海水）ではへい死が目立ち、32psuでは25度の方が10度よりも最初の個体がへい死した日数、全個体がへい死した日数とも早くなりました。

つまり、低水温での塩分耐性は強く、水温が上がるほど塩分耐性は弱くなると考えられます。

次に、成貝（殻長20ミリ）と稚貝（同3ミリ）の水温別（10度と30度）における塩分濃度別の生残率の変化を調べました。

いずれの温度の場合でも、成貝の方が稚貝よりも塩分耐性が強いことが明らかでした（図参照）。

そして、成貝も稚貝も短期間であれば海水に近いほどの高塩分濃度でも生残できることが分かりました。

まとめると、シジミが水温条件に関係なく長期間生存可能な塩分範囲は1・5〜22psuであると考えられました。

ただし、注意すべきことは、シジミの産卵や発生時に適した塩分濃度は5psu前後であり、真水でも海水でもシジミは再生産ができません。

また今回お話ししたように、シジミは広い範囲で塩分耐性が備わっているものの、成長段階における耐性は異なります。

さらに、稚貝と成貝でも塩分耐性は異なるため、シジミの再生産を考えるときには、産卵から稚貝の生育までのすべての成長段階に対応する塩分濃度でなければいけません。

（日本シジミ研究所所長、水産学博士）

＝毎週掲載＝

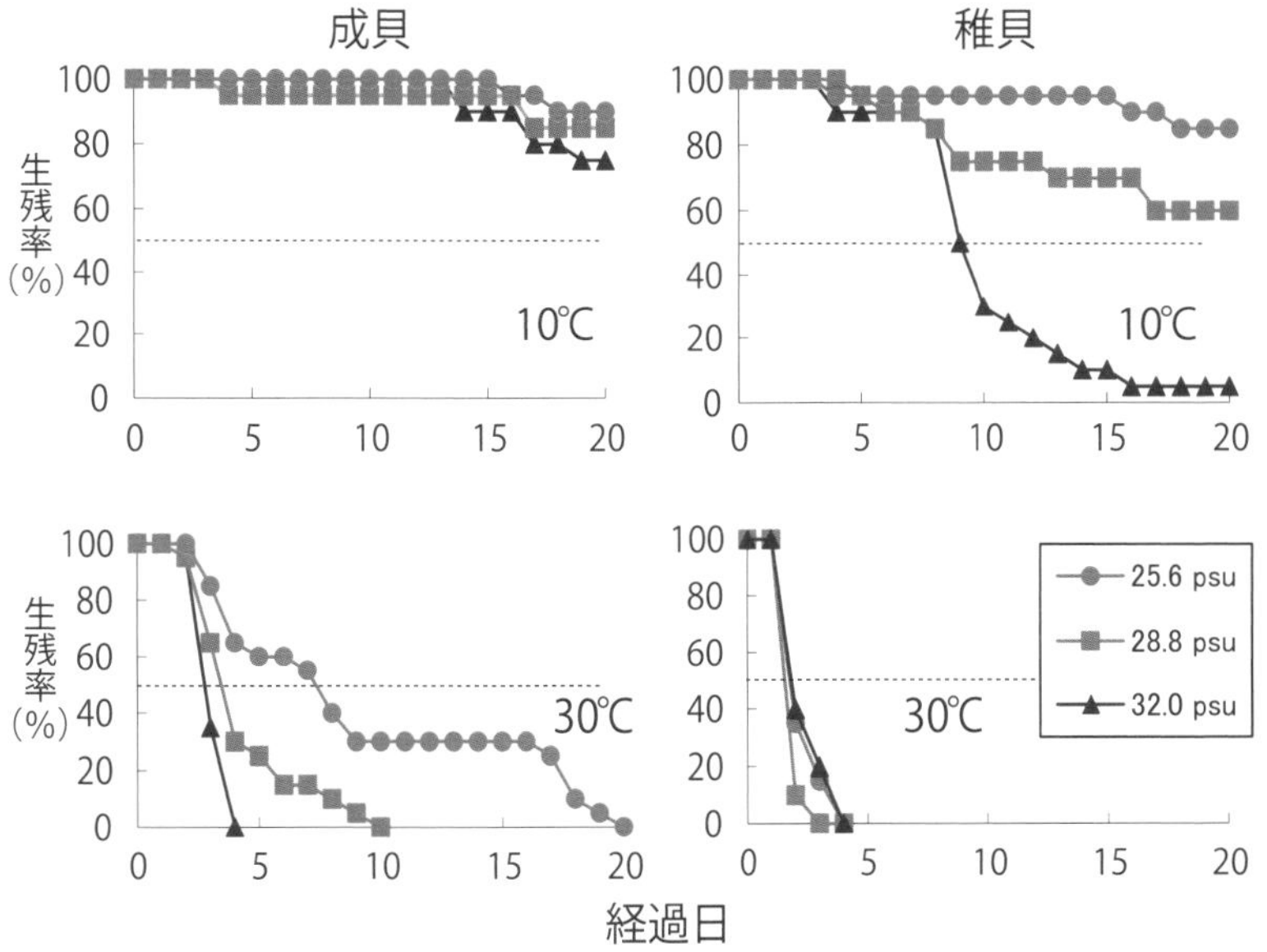

成貝　稚貝
生残率（%）
10℃　30℃
25.6 psu　28.8 psu　32.0 psu
経過日

図　成貝・稚貝の水温別塩分耐性

クリック

psu　河川・湖沼・海域などの研究分野で使用される塩分単位。塩分は海水1キログラムに含まれる固形物質の質量（グラム）と定義される。1psu＝1‰（パーミル）＝0・1%。海水の塩分は約35psu。

2016年9月7日付掲載

シジミ物語

汽水湖の恵み

〈中村　幹雄〉

□39■

資源増大へ溶存酸素対策を

わが国のほとんどの汽水湖は、現在富栄養化が進行しています。そのため、夏期に湖水が停滞する底層では、バクテリアが堆積物の有機物を分解するときに水中の酸素を消費するため、貧酸素水塊が形成されます。

底層が貧酸素になると、そこに生息する生物に大きな影響をもたらすことになります。シジミも湖底に潜在しているため、貧酸素化は生存に直接影響を及ぼします。夏期にたびたび貧酸素水塊が形成される宍道湖では、この貧酸素に対してシジミはどのくらいの耐性があるのでしょうか。

貧酸素耐性

まず、シジミを大きさ別（約3ミリと15ミリ）、水温別（10度、20度、30度）に分け、無酸素状態で飼育実験を行いました。

その結果、水温が10度、20度では成貝・稚貝ともほとんどへい死個体は見られませんでした。一方、30度では成貝・稚貝とも飼育期間中に全個体がへい死しました。特に、成貝の方が稚貝よりもやや早くへい死しました。

従って、シジミは高水温時より低水温時の方が貧酸素に対する耐性が強いと考えられます。

次に、高水温時（28度）における必要最小限の酸素量を調べました（図参照）。

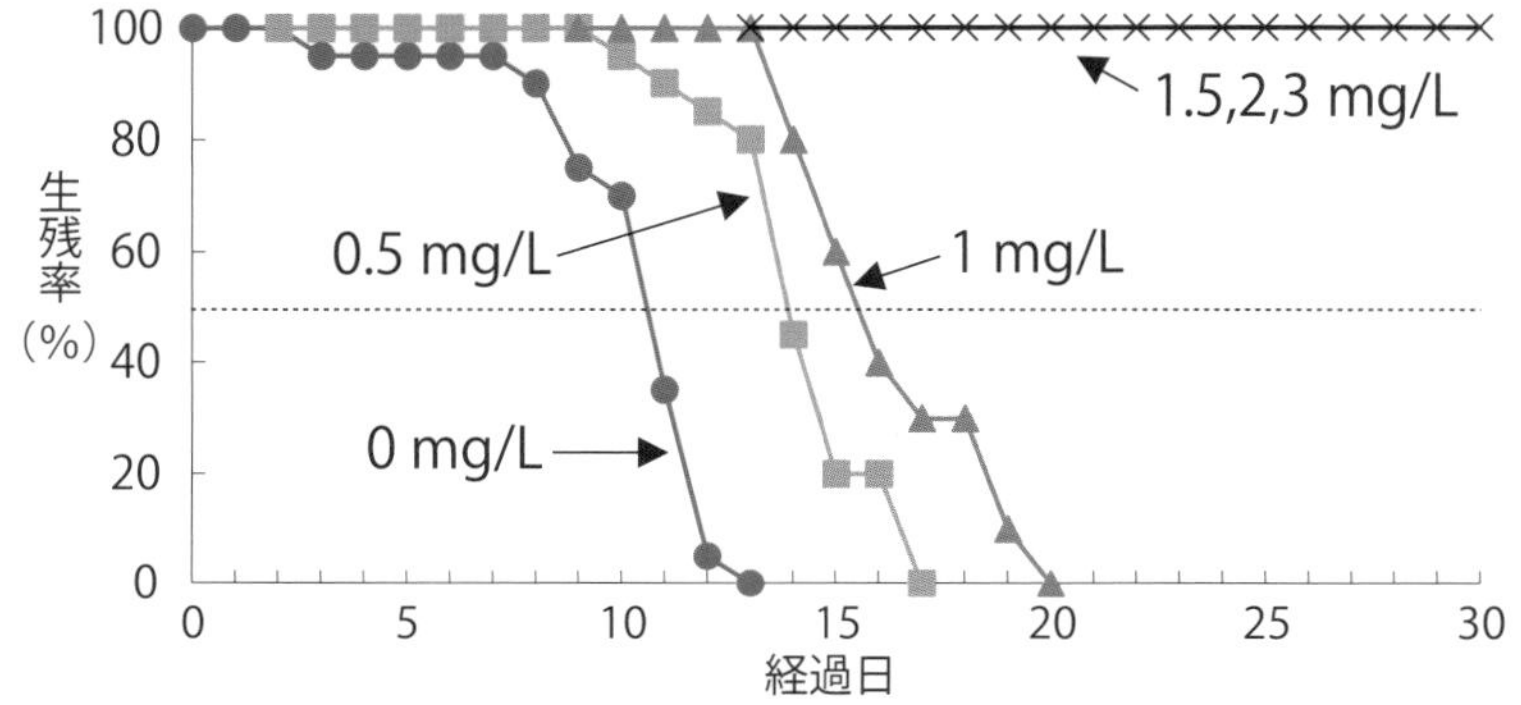

酸素量が1リットル当たり1・5ミリグラム以上ではシジミはへい死せず、15日程度であれば、1リットル当たり0・5～1・0ミリグラムでも半数以上は生残可能でした。

従って、高水温時であっても酸素濃度が1リットル当たり1・5ミリグラム以上あれば、シジミの生存にほぼ影響がないと言えます。

図　貧酸素濃度別耐性

一般に、魚介類や底生生物の生息状況に変化を引き起こす臨界濃度は1リットル当たり3ミリグラムと言われています。

実験結果からも分かるように、シジミは他の水生動物と比べてみると強い貧酸素耐性を有しています。そしてこのことが、夏場に湖底の貧酸素化が進む宍道湖において圧倒的な優占種となっている大きな要因なのでしょう。

また、宍道湖においてシジミは、酸素濃度が1リットル当たり0・6ミリグラム以上の場所に分布しており、その中でも高密度（1平方メートル当たり1千個以上）で生息しているのは、酸素濃度が1リットル当たり4ミリグラム以上の場所です。

従って、今後の宍道湖のシジミの資源量増大には、最小限1リットル当たり1・5ミリグラム以上、できれば1リットル当たり4ミリグラム以上を目指した、溶存酸素濃度を高める対策が必要であると考えます。

（日本シジミ研究所所長、水産学博士）

＝毎週掲載＝

2016年9月14日付掲載

□40■

シジミの生残に影響大

〈中村　幹雄〉

　汽水湖では高水温時に湖底の酸素がなくなると、嫌気性のバクテリアが水中の硫酸イオンを使って堆積物中の有機物を分解しエネルギーとします。この過程で硫化水素が発生します。

　硫化水素は生物にとって大変毒性が強いので、シジミにとっても生存に大きな影響を与え、時には大量へい死の原因にもなります。

　従って、塩分や酸素の変化に対する耐性と同じように、シジミは硫化水素に対しても生理的耐性があると考えられます。

　では、どのような耐性があるのか、水槽実験で検証してみました。

　まず、水温別、硫化水素濃度別でシジミを飼育したところ、高水温（28度）では低水温（18度）に比べてすべての硫化水素濃度で生存期間が短くなりました（図1参照）。

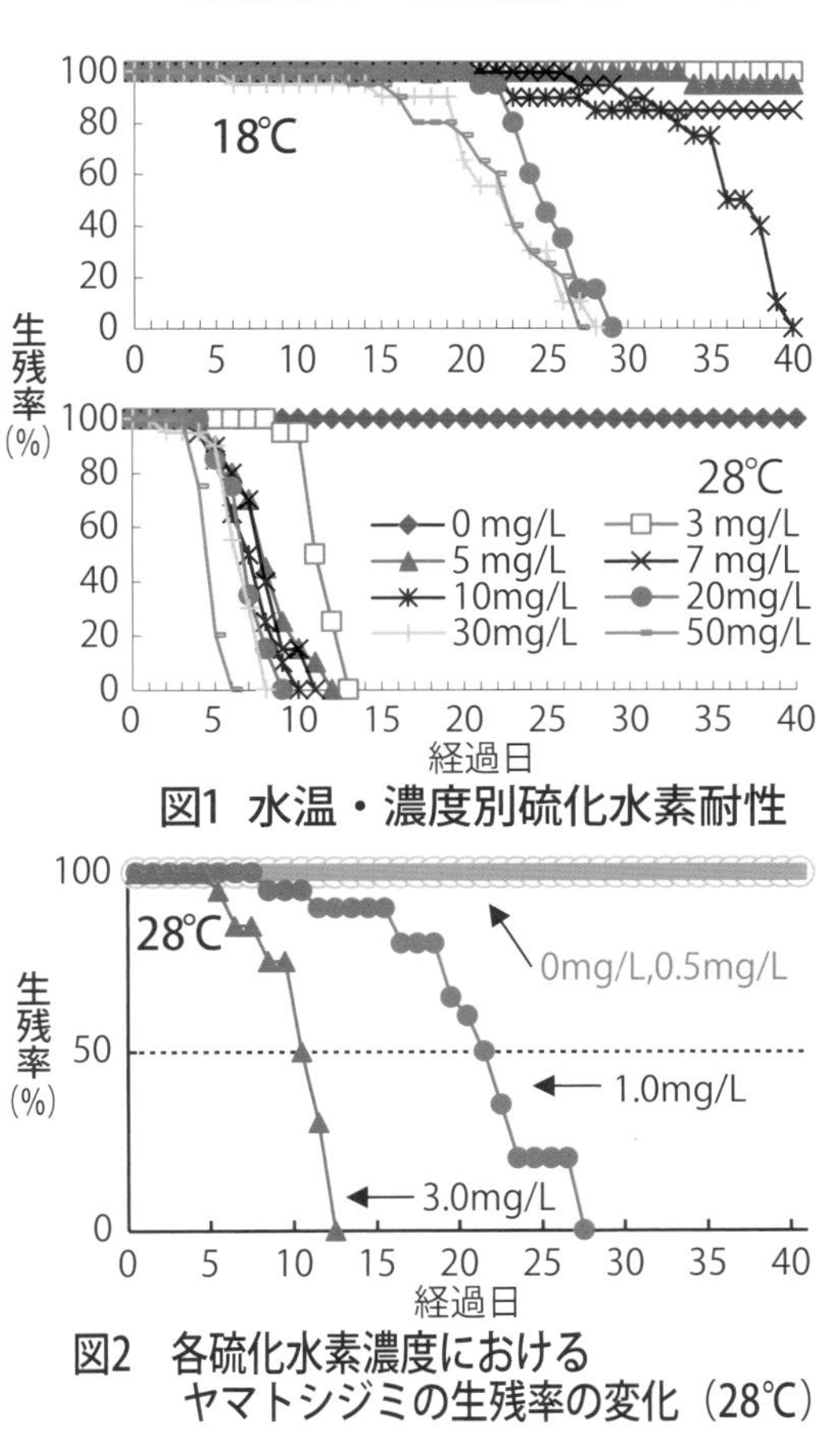

図1　水温・濃度別硫化水素耐性

図2　各硫化水素濃度における
ヤマトシジミの生残率の変化（28℃）

　つまり、シジミは高水温時の方が低水温時よりも硫化水素の影響をより強く受けます。

　次に、どのくらいの硫化水素濃度がシジミの生存に影響を及ぼし始めるのか、低濃度の硫化水素下でシジミを飼育してみました。

　その結果、1㍑当たり0・5ミリグラムでは1個体のへい死も見られませんでした。

　しかし、1㍑当たり1・0ミリグラムになると、8日目に最初のへい死が見られ、21日目に半数が、27日目には全個体がへい死しました（図2参照）。

　従って、1カ月以上の長期間（28度）において、シジミの硫化水素に対する耐性を考えると、1㍑当たり0・5～1・0ミリグラムの間が、シジミがへい死する最小濃度であると思われます。

　現在、宍道湖では水深3㍍以下の砂礫（されき）底でシジミは多く生息しています。これらの場所では、底質中に硫化水素の発生源となる有機物が少なく、溶存酸素も多いため湖底直上水の良好な漁場が形成されています。

　従って、汽水湖や宍道湖においてシジミ資源を維持していくには、湖底に1㍑当たり0・5ミリグラム以上の硫化水素が発生しないように努めることが重要です。特に、夏期は湖水の温度も高くなり、シジミは硫化水素の影響をより受けやすくなるため、注意が必要です。

　現在は宍道湖の底層水の硫化水素の詳細な研究が少ないのが現状です。宍道湖の湖底環境の把握とシジミ資源の管理のために、今後シジミと硫化水素に関するさらなる研究が望まれます。

（日本シジミ研究所、水産学博士）＝毎週掲載＝

2016年9月21日付掲載

□41■

シジミの耐性　最も強い

〈中村　幹雄〉

わが国の汽水湖を代表する宍道湖は低塩分の汽水湖でシジミが生息しています。一方、宍道湖に連結する中海は高塩分の汽水湖で主に海産性のアサリ、サルボウ、ホトトギスガイが生息しています。また、全国の河川干潟域などでは、シジミとこれら3種が混在しているところもあります。

前回まで数回にわたり、シジミの水温、塩分、酸素、硫化水素の環境要因に対する生理的耐性についてお話ししてきました。

では、汽水湖に生息するシジミとアサリ、サルボウ、ホトトギスガイの生理的耐性に違いはあるのでしょうか？

これら4種の耐性を比較するため、同一条件の下、室内で実験を行いました。

その結果、シジミは他の3種の貝に比べて環境耐性が最も強いことが分かりました。

具体的に見ると、水温耐性では、34度でシジミが最も強く、次いでホトトギスガイ、サルボウ、アサリの順で弱くなりました。

塩分耐性では、シジミが淡水側に耐性が強く、塩分20ｐｓｕぐらいまで広い耐性がありました。一方、アサリ、サルボウ、ホトトギスガイは海水側に強く、淡水に近い5ｐｓｕ以下では生存に影響が出ました。

宍道湖の湖底直上の塩分は年間5ｐｓｕ程度が多く、シジミ以外の3種の貝にとっては生息限界の範囲外にあります。反対に中海は、塩分が年間20ｐｓｕ以上が多く、シジミは生息不可能です。つまり、宍道湖と中海でのこれら二枚貝の生息状況の違いは、塩分の影響が大きいと言えるでしょう。

次に貧酸素耐性では、シジミが特に強い耐性を持ち、次いでサルボウ、アサリ、ホトトギスガイの順に弱くなりました。

硫化水素耐性でもシジミが最も強く、サルボウ、アサリ、ホトトギスガイの順に弱くなりました。

元来、環境変動の激しい汽水域に生息しているこれら4種の二枚貝は、さまざまな環境の変化に対応するため、環境耐性が強いと言われています。

その中でも、特にシジミは生存に関わる環境要因に対して耐性の強さが際立っています。従って、この実験により汽水湖で優占種となっているシジミの優れた能力が改めて証明されました。

（日本シジミ研究所所長、水産学博士）

＝毎週掲載＝

汽水産二枚貝の比較

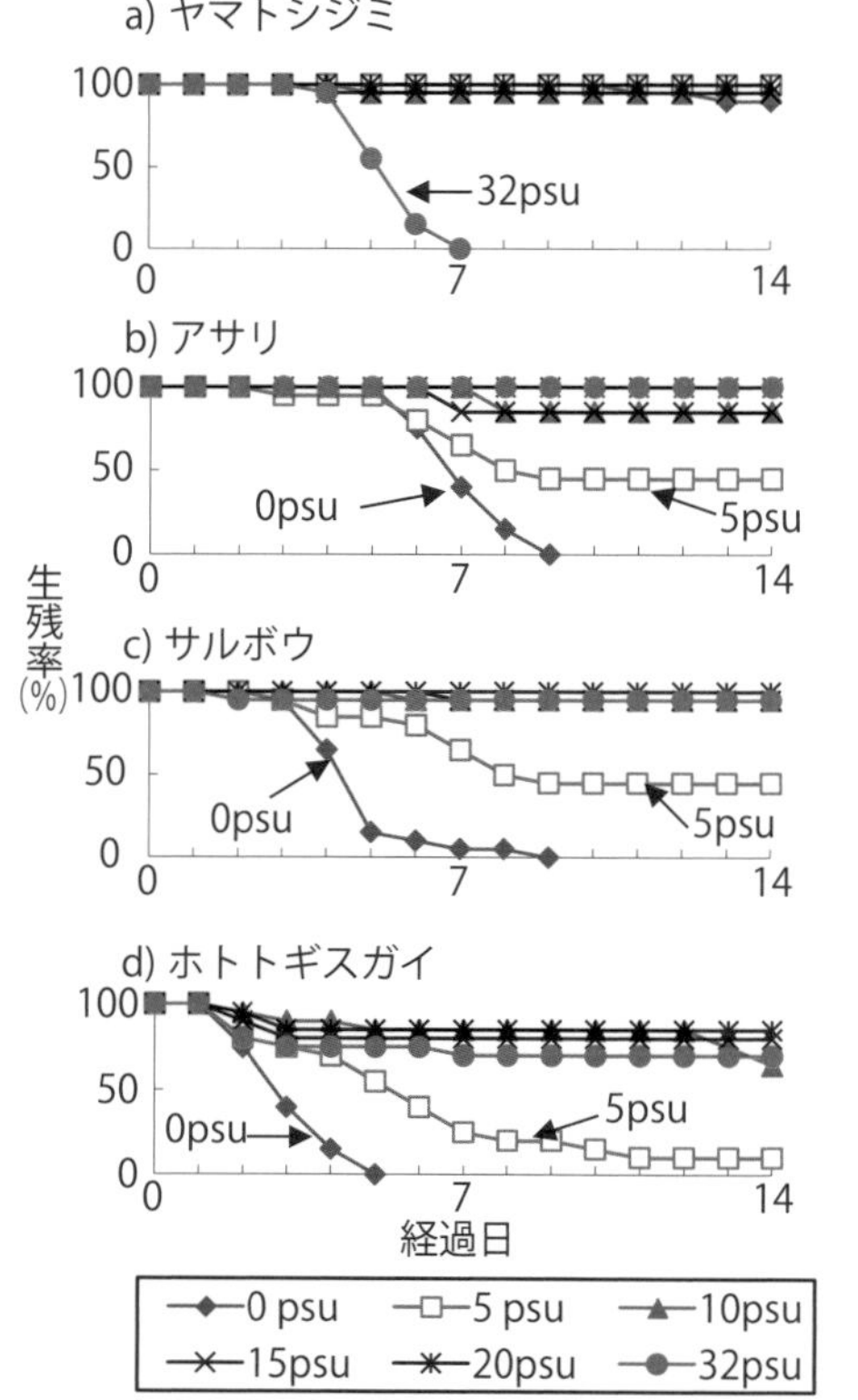

図　二枚貝4種の塩分耐性

クリック

ｐｓｕ　河川・湖沼・海域などの研究分野で使用される塩分単位。塩分は海水1㌔㌘に含まれる固形物質の質量(㌘)と定義される。1ｐｓｕ＝1‰(パーミル)＝0・1％。海水の塩分は約35ｐｓｕ。

2016年9月28日付掲載

シジミ物語
汽水湖の恵み
□42■

〈中村　幹雄〉

塩分適応

浸透圧調整に遊離アミノ酸

水生生物は環境水の変化に対し、それぞれの代謝調整機構により体内環境を調節し適応することで、生命を維持しています。

汽水域に生息するヤマトシジミにとって、大きく関わる環境変動の一つに塩分があります。

シジミは他の汽水性二枚貝に比べて塩分耐性がとても強いですが、塩分変動にどのように適応しているのでしょうか？　また、塩分が変化した時に、シジミの体内では何が起こっているのでしょうか？

シジミが塩分変化に適応して生きていくには、体内細胞の浸透圧を維持していく必要があります。

元来、魚類や水生生物には、塩分変化に対応して体内の浸透圧を調整する物質（オスモライト）が備わっています。シジミを含む水生無脊椎動物のオスモライトは、アラニンやグルタミン酸などの非必須アミノ酸などが知られています。

私は、シジミが持つオスモライトの中の遊離アミノ酸を中心に、塩分変化に対してこれらのアミノ酸がどのように働くかをいくつかの実験を行い検討しました。

まず、異なる塩分濃度に24時間ならした時のシジミ内の遊離アミノ酸を調べました。

その結果、遊離アミノ酸総量は塩分濃度の上昇に伴い増加し、10psuでは淡水の約5倍にもなりました。特にアラニンの優占率は高く、塩分の上昇に対し、増加も顕著でした。

次に時間的変化を見るため、塩分濃度を変化させてならした時の体内成分の変化を検討してみました（図参照）。

その結果、汽水から淡水に移した場合、全てのアミノ酸が減少し、特にアラニンは24時間で約4分の1にまで減少しました。

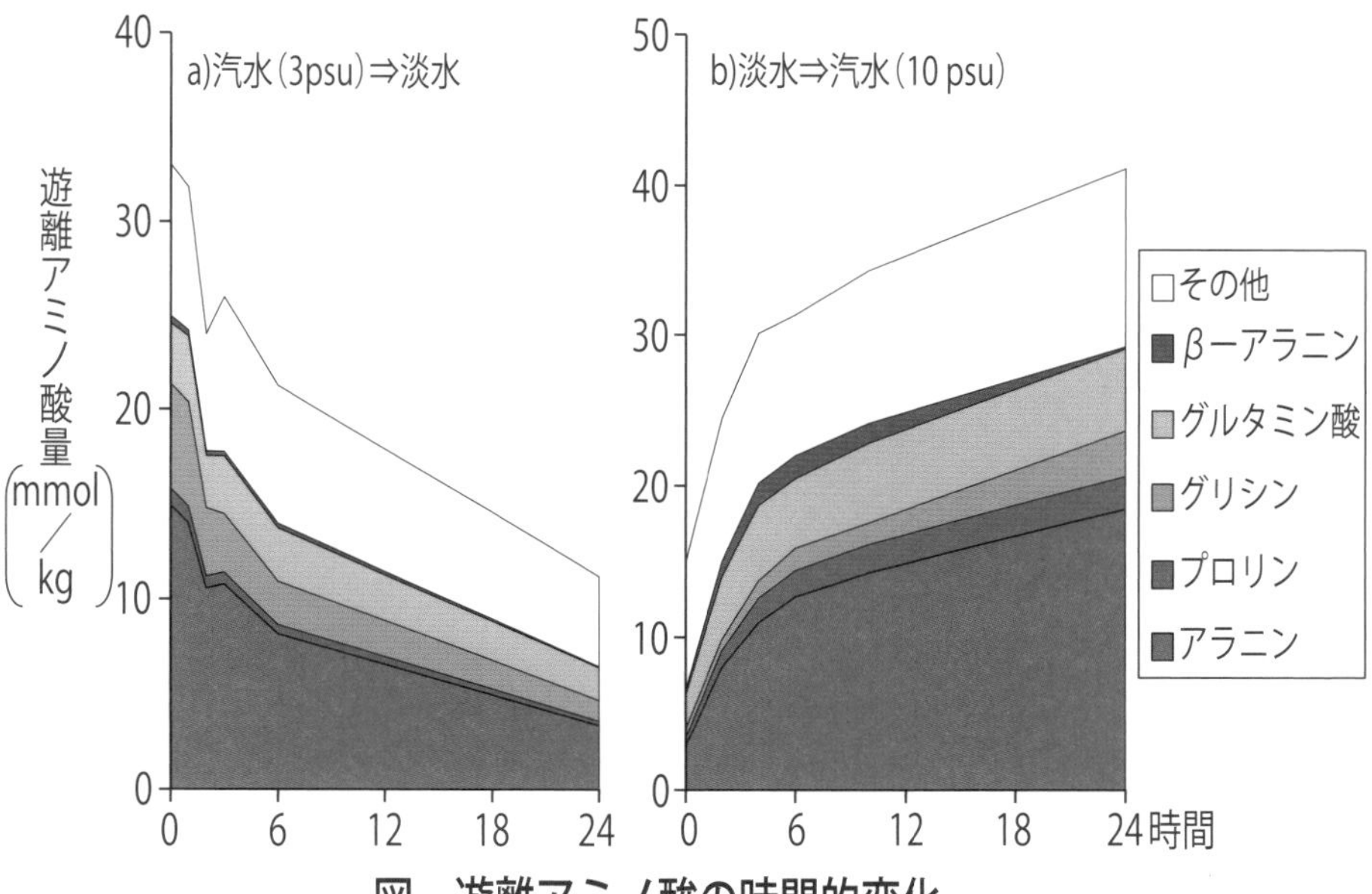

逆に淡水から汽水に移した場合、全てのアミノ酸は増加していき、総量では3倍、特にアラニンでは約6倍に増加しました。

これらより、シジミは塩分変化に対し、浸透圧を調整する遊離アミノ酸をダイナミックに変動させ対応していることが分かりました。また、その浸透圧調整に最も重要な働きをする物質はアラニンと考えられました。

シジミはこのような塩分変化に対する高い適応力を持っていることにより、変動の激しい汽水域で圧倒的優占種となっています。

（日本シジミ研究所所長、水産学博士）

＝毎週掲載＝

図　遊離アミノ酸の時間的変化

クリック

ｐｓｕ　河川・湖沼・海域などの研究分野で使用される塩分単位。塩分は海水1キログラムに含まれる固形物質の質量（グラム）と定義される。1ｐｓｕ＝1‰（パーミル）＝0.1％。海水の塩分は約35ｐｓｕ。

2016年10月5日付掲載

〈中村　幹雄〉

□43■

優れた代謝機能で生き抜く

前回、シジミの塩分変化に対する適応についてお話しました。塩分変化と同様、汽水域では酸素変化（貧酸素）が頻繁に起こります。従って、シジミは貧酸素に対しても適応していると考えます。そこで今回は、シジミの貧酸素に対する適応がどのようなメカニズムにより行われているかをお話します。

貧酸素適応

二枚貝は貧酸素状態になると、乳酸生成の少ない無機代謝（酸素を使わない代謝）によってエネルギーを得ることが知られています。

貧酸素になり無機代謝が働くと、最終代謝産物としてアミノ酸のアラニンや有機酸のコハク酸、プロピオン酸などが蓄積されます。従って、シジミの代謝産物を分析すれば、シジミの無機代謝系のメカニズムを推測することができます。

そこで私は、体内の代謝上重要と考えられるグリコーゲン、遊離アミノ酸、有機酸などの物質が酸素不足時にどのように変動するか、実験により経時的変化を追いました。

実験結果を簡単にまとめると、シジミは環境水の溶存酸素濃度が1リットル当たり1ミリグラム以下になると、酸素消費量を急激に低下させ、無酸素状態に備えます。この時、無機的呼吸によりグリコーゲンやアスパラギン酸などを消化し、コハク酸やアラニンを蓄積することでエネルギーを獲得します。

次いで無酸素状態になると、遊離アミノ酸のアラニンや有機酸のコハク酸濃度が徐々に増加します。

さらに無酸素状態が進行すると、プロピオン酸、酢酸、乳酸およびプロリンを蓄積する代謝系に依存してエネルギーを獲得します（図参照）。

このように、ヤマトシジミは環境水の溶存酸素濃度や無酸素状態にさらされている時間などによって、さまざまな無機的代謝系を選択し、機能させてエネルギーを確保し、低酸素や無酸素状態に適応しているということが考えられます。

また、シジミの無機的代謝機能は、他の海産性二枚貝よりも数多くの経路があり、貧酸素に対して強い適応力を持っています。

今回まで数回にわたり、シジミの生理的特性について紹介してきましたが、優れた耐性や適応力は、変動の激しい汽水域を生き抜くために進化した結果です。次回より「食」についてお話しします。

（日本シジミ研究所所長、水産学博士）

＝毎週掲載＝

グリコーゲン量 (g/100g)　アラニン (μmol/g)
アスパラギン酸 (μmol/g)　コハク酸 (μmol/g)
乳酸 (μmol/g)　酢酸 (μmol/g)
日数

図　無酸素条件下での代謝成分の変化

2016年10月12日付掲載

〈中村　幹雄〉

□44■

太古から伝わる日本の味

食文化

今回からヤマトシジミの食文化についてお話したいと思います。

縄文時代の貝塚として有名な、松江市の佐太講武貝塚から発掘された貝殻のうち90%以上はヤマトシジミであったと報告されています。

このことによって、縄文時代から人々にとってヤマトシジミは大変重要な食物資源であったことが分かります。

数千年たった今日も変わらず、私たちにとって大切な食物であることは非常に驚きです。

太古の人々はどのようにしてシジミを採捕し、どのように調理して食べていたのでしょうか?

いろいろと想像してみると楽しくなりませんか?

私が子どものころ、松江では毎日「シジミ、シジミ、シジミはいらんかの～」という、リヤカーや自転車で売り歩く声をよく聞いたものでした。

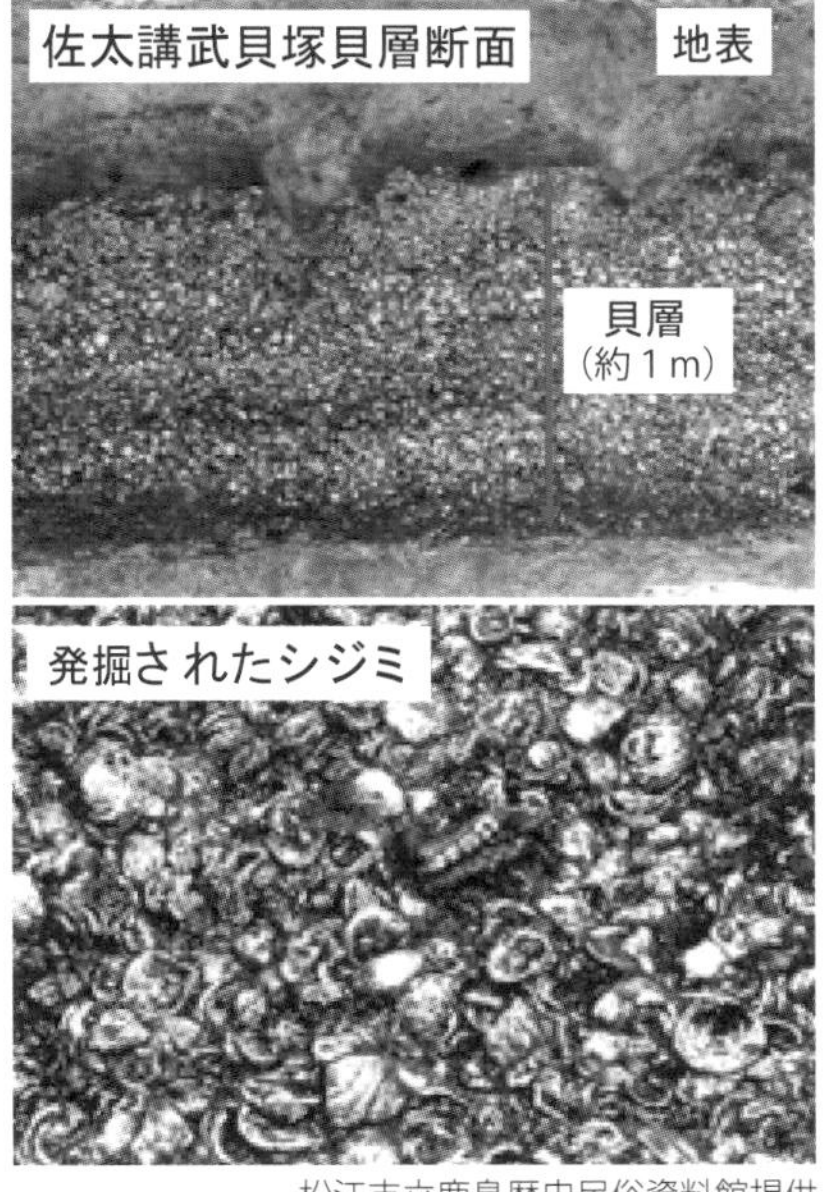

松江市立鹿島歴史民俗資料館提供

そしてそのころは「シジミは採っても、採っても湧いてくる」と言われるほど宍道湖に大量に生息しており、シジミの価格も安く、1キロが20円前後でした。

現在、シジミの資源量は全国的に見ても宍道湖においても減少しています。シジミの資源量が年々減少するのに半比例して、シジミの食材としての評価が高まり価格も上昇してきました。特に近年は健康食品として注目され需要が高まっています。

私たちの宍道湖の漁獲量は全盛期（昭和40～50年ごろ）に比べて落ちたとはいえ、現在全国1位の漁獲量を誇っています。

また、松江市民1人当たりのシジミ消費量も全国で一番多いとの調査結果もあり、島根県あるいは松江市民にとって最も身近な存在の一つだと思います。

また、東京でも江戸時代から今日までシジミ汁とアサリ汁は庶民の朝食の定番となってきました。

このように、今も昔も変わらず愛され続けてきたシジミは、今や日本の食文化になくてはならない存在なのではないでしょうか。

しかし、多くの人がシジミはなぜおいしいのか? なぜ健康に良いのか? おいしい食べ方は? シジミの食材としての重要性など、多くは知られていないように思われます。

次回から、シジミの食べのものとしての魅力をたっぷりお話していきます。

（日本シジミ研究所所長、水産学博士）

＝毎週掲載＝

2016年10月19日付掲載

＜中村　幹雄＞

□45■

四拍子そろった最高素材

私は、シジミは「うまい」「体に良い」「安全」「料理が簡単」と、良い食材の条件を全て備えた最高の食材だと思っています。

なぜか。その理由を今回はお話したいと思います。

食味

「うまい」。日本ではシジミは太古の昔から親しまれ、一般の家庭のおかずとともに食卓に載り続けています。シジミの「うまさ」をひと言で言い表すことは難しいのですが、「日本の味」「ふるさとの味」「おふくろの味」「大地の味」と言われてきました。とにかく、他のものに替え難い繊細で特有な味が日本人に好まれてきた理由だと思われます。

「体に良い」。シジミは人体の細胞や組織を作るのに必要な優良なタンパク質や、必須アミノ酸9種全てをバランスよく保有しています。また、体の機能を調整するミネラル、鉄やマンガン、亜鉛に加えてカルシウムを豊富に有しています。さらに、ビタミンB12やB2も他のどの貝類よりも多く含んでいます。このように、シジミは体に大切な栄養素を豊富に持つ最高の健康食品なのです。

「体に安全」。シジミは農薬も化学肥料も使わない、大地と海の双方からの栄養塩で育った完全な自然食品です。例えば、宍道湖のシジミは斐伊川と日本海から運ばれた栄養塩や植物プランクトンなどで育っており、その中に人体に悪い影響を与える物質は存在していません。従って、私たちは安心してシジミを食べることができます。しかし、外国のシジミについては、必ずしもその安全性が保証されたものではありません。

「料理が簡単」。家庭で作る料理で欠かせないのがみそ汁、あるいはすまし汁ですが、この二つともシジミで料理が簡単に手早くできるのは大きな強みです。

鍋に水とシジミを入れ、沸騰してシジミの貝殻が開いたら、あくを取り、みそを入れる。すまし汁の場合はしょうゆと酒。それだけでシジミのみそ汁、すまし汁の出来上がり。面倒なだしを作ることも包丁を使うこともなく、数分でできるのです。しかも、失敗はなく、誰でもできる。これがシジミ料理の特徴の一つです。

シジミの味噌汁は
しみじみうまい。
五臓六腑に
しみわたる。
特に肝臓あたりに
しみわたる。
大酒を飲んだ翌朝の
シジミ汁は特にうまい。
飲んでいて、
「たのむぞ」
という気持ちになる。
東海林さだお

文：東海林さだお「駅弁の丸かじり」より引用

このように、シジミは食材としての価値が高く、需要が大きいこともあり現在、内水面漁業では最も漁獲量の多い、重要な漁業水産資源となっています。

（日本シジミ研究所所長、水産学博士）

＝毎週掲載＝

2016年10月26日付掲載

＜中村　幹雄＞

□46■

ミネラル、アミノ酸の宝庫

昔から「黄疸が出たらシジミを食え」「酒を飲んだらシジミ汁」「夏バテにはシジミ」「シジミは肝臓の守り神」ということわざがありました。シジミが体に良いということは、一般に信じられていたようです。

今日、人々は食生活の変化などによりカルシウム、鉄、マンガン、亜鉛などの必須ミネラルが不足しているといわれています。

食品成分

ミネラルは元来、大地や海に多く含まれており、雨や大地よりミネラルを水に流し、汽水湖に運んでくれます。またミネラルの多い海水も汽水湖に遡上しています。

こうして、ミネラル豊富な汽水湖で育つシジミの体内には、ミネラルがたっぷり含まれるというわけです。ミネラルは体内の生理機能を正常に保つのに重要な栄養素です。従って、それが不足すると体内に障害を生じることになります。

また、ビタミンB12や、人の体を構成する細胞や組織を作るのに欠かせないタンパク質の必須アミノ酸（9種）がバランス良くすべて含まれています（表参照）。

必須アミノ酸は体内で合成することができないので、食物から摂取しなければなりません。

必須アミノ酸のバランスを評価する「アミノ酸スコア」ではシジミは100であり、アサリの84、ハマグリの89に比べてその質が格段に高いことを示しています。

一般にシジミは肝臓に良いといわれていますが、肝臓は人の臓器の中でも最も細胞が傷つきやすく、その細胞修復のためには多くの必須アミノ酸が必要となります。

これが、必須アミノ酸が多く含まれるシジミが肝臓に良いといわれる理由です。

もちろん、シジミの中には肝臓の働きを強化したり、改善したりする作用があります。主としてオルニチン、メチオニン、タウリン、アラニンなどを多く含んでいます。特に、オルニチンは肝臓の中で有害なアンモニアを尿素に変える酵素的な役割を果たしているといわれています。

皆さんに強調したいことは、シジミは病気を治す薬や体に良いといわれるサプリメントではなく、ミネラルやアミノ酸が豊富に入った優れた食物であるということです。

可食部100ｇ当たりの成分表

成　　分		(mg/100g)
無　機　質	カルシウム	240
	鉄	8.3
	マンガン	2.78
	亜鉛	2.3
ビ　タ　ミ　ン	B12	68.4
必須アミノ酸	イソロイシン	290
	ロイシン	460
	リシン	530
	メチオニン	170
	フェニルアラニン	280
	トレオニン	410
	トリプトファン	97
	バリン	360
	ヒスチジン	170
ア　ミ　ノ　酸	オルニチン（品川より）	27.2

「七訂日本食品標準成分表（文部科学省）」より引用

（日本シジミ研究所所長、水産学博士）

＝毎週掲載＝

2016年11月2日付掲載

シジミ物語 汽水湖の恵み

□47■

〈中村 幹雄〉

たくさん入れて美味アップ

シジミ汁

今回は、料理の素人である私が考える「シジミをおいしく食べる方法」をお話します。少し独断的かもしれませんが。

基本的にシジミの「うま味」は、うま味成分である各種アミノ酸、特にアラニン、グリシン、グルタミン酸などの成分が複合的に組み合わせられて作り出されます。また、この「うま味」に大きな役割を持つのがコハク酸などの有機酸です。

シジミは、このようにうま味成分が絡み合ってできる複雑で、しかし繊細な味が特徴です。

家庭で作られるシジミ料理の中で主役中の主役であるシジミの「みそ汁」を中心に、おいしい食べ方をお話します。

おいしく食べるために大切なことは、まず「良いシジミ」を選ぶことです。

そのためには産地表示を見て地元産、国内産であることを必ず確認してください。また、新鮮なシジミは貝殻の表面につやがあり、一粒一粒に重量感があります。選ぶ際のポイントです。

次に大切なことは、塩水で砂出しをすることです。すぐに水管を出すのが活力の証しで、シジミのうま味アップにつながります。

三つ目は、砂出ししたシジミを鍋に水とともに入れてから火に掛けることです。

松江では「シジミはヒトクラ、アカガイはヒトクラ」という言葉があります。「ヒトクラ」とは出雲の方言であり、「ひと沸き」の意味です。つまり、水が沸騰しシジミが殻を開いたら、すぐに火から下ろすか、弱火にして煮過ぎないようにしなさい、との教えを示しています。

そして、あくを取ったらみそを溶かします。みその種類や量も重要な味付けのポイントですが、人それぞれの好みでいいと思います。

また、みその代わりにしょうゆとお酒を入れると「すまし汁」になります。私の個人的な好みで言うと、すまし汁はみそ汁に負けず劣らず美味だと思います。

最後に好みで吸い口に小ネギ、粉サンショウ、ユズなど一品加えてもいいでしょう。

以上のことに気を付ければ、誰でもおいしいシジミ料理ができます。そしてもう一言付け加えるならば、だしを入れず、良いシジミをけちらずに多めに入れて作る。これが一番だと思います。

（日本シジミ研究所所長、水産学博士）

＝毎週掲載＝

シジミのみそ汁（上）とすまし汁

2016年11月9日付掲載

＜中村　幹雄＞

□48■

塩水で「うまみ」濃縮

今回は、シジミを食べる前に必ず行う「砂出し」の方法についてのお話です。

以前、シジミの塩分適応のところでお話ししましたが、シジミは環境水に合わせて体内の浸透圧を調整する素晴らしい機能を持っています。

砂出し方法

この機能により、シジミは真水中では「うまみ」成分であるコハク酸やアラニンなどが半減します。逆に、高塩水では「うまみ」が倍増します。

つまり、シジミの「うまみ」を引き出す決め手は砂出し方法にあります。

これまでは、砂出しは真水（水道水）を使って行われることが一般的でした。料理本を見ても水道水で行うように書かれていることが多くありました。

しかし、これは誤りです。

前述のように、真水だと体内のアミノ酸が体外へ出てしまい、せっかくの「うまみ」を失ってしまうのです。

従って、砂出しは必ず塩水で行ってください。ご家庭で塩水を作る場合は、1㍑の水道水に約10㌘の食塩（約3分の1海水）を入れることをお勧めします。

この約3分の1海水はNHK「ためしてガッテン」（2001年放送）で、私がNHKと共同で行ったモニター試験で最もおいしく感じる濃度であるという結果が出ています。

シジミの砂出しイメージ

○

ざる

水に塩を入れる

×

もう一つ、重要な砂出しのポイントがあります。それは、広いざるなどを使用することです。

塩水を準備し、図のような浅いざるにシジミを入れます。水はシジミの殻の一部が水面すれすれになるようにします。

こうすることで、シジミは大気中から酸素を十分に取り込むことができ、酸素不足によって死んでしまうという心配はなくなります。

また、砂出しの間、シジミは尿や糞を排泄します。このため、ざるを容器の底から離した状態にしておけば、排出したものを再び取り込むこともなく、底にたまったアンモニアや糞など排出物による影響も少なく済みます。

もし糞などが目立つときは、時々ざるを取り上げ、塩水を新しく替えてください。そして一晩くらい置いたら、完璧な砂出し完了です。

塩水を使うこと、ざるを用いること、この2点に気を付けるだけで、「うまみ」がギュッと詰まったシジミが食べられます。

（日本シジミ研究所所長、水産学博士）＝毎週掲載＝

2016年11月16日付掲載

□49■

冷凍で「うまみ」増す

＜中村　幹雄＞

最近の研究により、ヤマトシジミはこれまでの常識に反して、冷凍することによって生のシジミに比べて「うまみ」成分が増加し、シジミ汁もよりおいしくなるということが明らかになりました。

保存方法

短期間の保存であれば、塩水で砂出ししたシジミを、乾かないように湿らせた新聞紙や布などに包んで冷蔵庫に入れて保存するのがいいでしょう。

冷蔵庫に置かれたシジミは、無機代謝により体内のグリコーゲンを燃焼させてエネルギーを得ます。このとき、うまみ成分であるコハク酸などを多く産出します。このため、シジミがおいしくなるという訳です。

また、長期保存するときには真空冷凍がお勧めです。もちろん、ご家庭では真空冷凍するのは難しいでしょうから、砂出ししたシジミを小分けにしてポリ袋に入れて、しっかり口を閉め、そのまま冷凍保存されても結構です。半年くらいは十分おいしくいただけます。

冷凍したシジミと生のシジミをそれぞれシジミ汁にしたときの、汁中のうまみ成分を分析した結果が報告されています。

それによると、生シジミよりも冷凍シジミを使った汁の方がグルタミン酸やアミノ酸総量、コハク酸などのほとんどのうまみ成分が増えました（図参照）。

また、肝臓に良いといわれているオルニチンの量も増えました。

ただし、身だけを比較すると生と冷凍では汁ほど顕著な違いはみられないことが分かりました。

つまり、シジミは冷凍保存することによって、汁中のうまみ成分が増し、おいしくなることが明らかになりました。

そして、冷凍シジミを食べるときは、解凍せずにそのまま鍋に水とともに入れてください。あとは、生シジミと同じように料理してください。

また、シジミが一年で一番おいしく、身の大きな5月から7月の旬のシジミを冷凍しておけば、当分の間、旬の味を楽しめることができます。

このように、冷凍シジミは食べたいときにいつでも冷凍庫から出して簡単に料理ができる便利なものです。汁にすると、さらにおいしくいただけるということは、まさに忙しい私たちにとっては一石二鳥の素晴らしい食材ではないでしょうか。

（日本シジミ研究所所長、水産学博士）＝毎週掲載＝

生シジミと冷凍シジミのうまみ成分の比較

(mg/100g)

	生　汁	冷凍汁
グルタミン酸	9.0	13.7
オルニチン	4.6	5.5
アミノ酸総量	48.6	73.9
コハク酸	8.3	10.8

2016年11月23日付掲載

□50■

〈中村　幹雄〉

輸入物の産地偽装 許さぬ

皆さんはシジミは国内産だけでなく、実は外国からも輸入されていることをご存知でしょうか。

かつて国内のシジミ漁獲量は非常に多く、1980年ごろは5万㌧獲れていましたがその後、減少の一途をたどり2015年には約9千㌧となっています。

国内の漁獲量が減少する一方で、シジミの需要は増大傾向にあり、価格もうなぎ上りに上昇しています。

こうした背景の中で、外国から安いシジミが大量に輸入されるようになりました。特に1997年から2002年の間は国内生産量を上回る量の外国産シジミが輸入されていました（図参照）。

その後、輸入シジミは減少し落ち着きを見せていますが、現在もいまだ国内生産量の3分の1の割合で外国産シジミは輸入されています（図参照）。

店頭表示

こんなにも多くのシジミが輸入されているにもかかわらず、店頭では輸入シジミの表示を見ることはほぼありません。

外国産のシジミは場所によっては淡水産であり、日本のヤマトシジミと比べると味が劣り、鮮度などの品質も良くありません。

しかしながら、国内の漁獲量の減少と、増える国内の需要への対応、さらには国産と外国産の価格の圧倒的な差により、業者は輸入シジミに頼らざるを得なくなりました。

ただし、このころから、外国産シジミと表示することで売れ行きが悪くなるのを恐れた一部の業者が、ロシア産を涸沼（ひぬま）産や、中国産を宍道湖産などと産地偽装して販売する悪質な行為が横行し始めました。

このような、シジミの原産地偽装の問題は、全国的にも大きな社会問題となり、JAS法が改正され罰則も強化されました。

しかし、本当に産地偽装をなくすためには、法律の強化だけでは十分ではありません。行政は問屋、小売店などに対する細かな、かつ実効的な指導や監視体制の強化をする必要があります。

また、漁業者も行政だけに頼るのではなく、自分たちのシジミの漁獲から販売までを把握し監視する必要があります。さらに、消費者も購入時に原産地表示を必ず確認するなど、意識を高めていくことが大切です。

（日本シジミ研究所所長、水産学博士）＝毎週掲載＝

シジミの外国からの輸入量と日本での漁獲量の比較

■外国からの輸入量
■日本での漁獲量

輸入量（t）

30,000
25,000
20,000
15,000
10,000
5,000
0

1989 90 91 92 93 94 95 96 97 98 99 2000 01 02 03 04 05 06 07 08 09 10 11 12 13 14 15年

2015
外国からの輸入量 24%
日本での漁獲量 76%

2016年11月30日付掲載

〈中村 幹雄〉

□51■

原産地表示の規制強化を

前回はシジミの産地表示、産地偽装についてお話しましたが、今回はシジミの加工食品の表示についてのお話です。

現在、食品の表示ルールは主に「農林物資の規格化等に関する法律」、いわゆるJAS法で定められており、加工食品には「名称」「原材料品」「添加物」「内容量」「期限表示」などの記載が義務付けられています。

しかし、一部の例外品を除いて原材料の原産地表示をすることは義務付けられていません。

残念なことに、シジミの加工食品も原産地表示をする必要がないため、実はそのほとんどに外国産が使用されています。そして、商品には単に「シジミ」とだけ表示されています。

日本の主要なシジミ輸入国は、生・冷蔵では2007年ごろまで中国、北朝鮮、韓国が占めていましたが、現在はロシアが全体の8割以上を占めています。また、冷凍では以前から変わらず中国が多くを占めています（図参照）。

外国からのシジミの輸入価格は、日本のそれに比べて格段に安いため、経済的な視点で見るならば、外国産シジミを加工食品に使用することは致し方ないと思います。

しかし、外国産であることを故意に隠すことや、国内産と誤解されるような表示は、消費者を不安にさせるものであって、厳に慎むべきです。

こうした状況を危惧し、国も表示の厳格化に取り組む姿勢を見せており本年度、消費者庁と農水省が国内で製造された全ての加工食品の表示について、原則的に原料の原産国表示を義務付けることを検討し始めました。

このことは、本紙でも10月6日付の1面で大きく取り挙げられました。

ただ、その中で多くの例外が認められることや、食品メーカーから消極的な意見が多く出されているということもあり、今後の動きを見守りたいと思います。

しかしながら、国が加工食品の表示に対して規制強化に乗り出したことは、大いに評価すべきであり歓迎すべきことです。

私たちが、食品の正しい原産地を知ることができ、安心して食べることができるように、一刻も早い全加工食品に対する原産地表示の義務化が望まれます。

（日本シジミ研究所所長、水産学博士）＝毎週掲載＝

加工食品

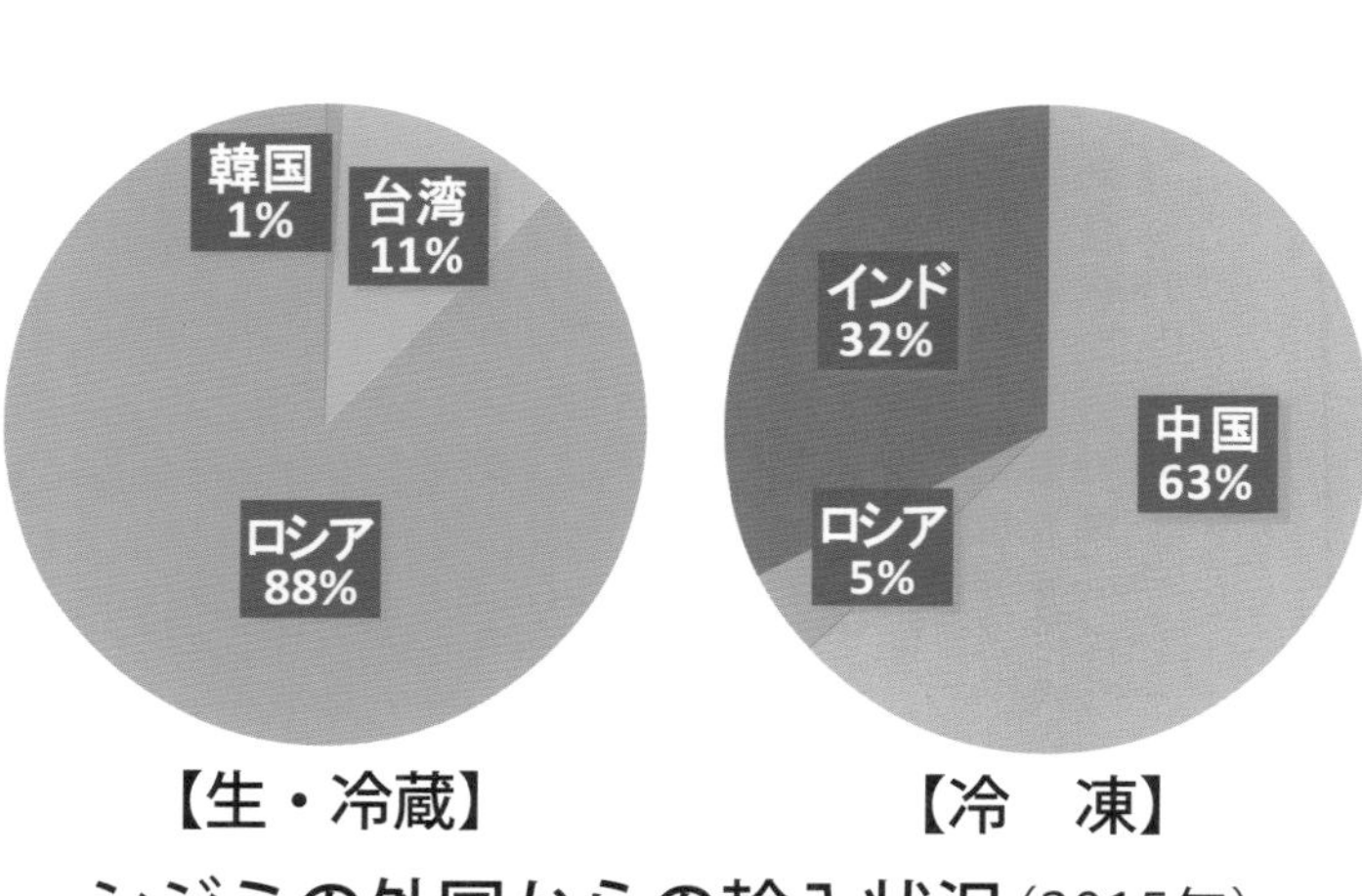

シジミの外国からの輸入状況（2015年）

2016年12月7日付掲載

シジミ物語

汽水湖の恵み

〈中村　幹雄〉

□52■

地産地消

食の安全・安心を守る

「地産地消」は地域で生産されたものをその地域で消費するという意味です。

かつて地方では、地元で生産した野菜や取れた魚介類を食することがごく一般的でした。そして、そこにはその地域の食文化が継承されていました。

ところが、1955年ごろに始まった高度経済成長期に伴う交通網の整備や保冷技術の進歩などによって、大量の農産物や水産物を遠くまで運ぶことのできる、広域大量流通システムが成立しました。

さらに広域流通システムによって、国内にとどまらず、世界中の国々から日本に安い農産物や水産物が大量に輸入されるようになりました。

水産物では、例えばマグロやエビなど世界中で漁獲や養殖されたものが日本に輸入されています。

シジミも例外ではありません。シジミの需要が全国で高まる中、国内の漁獲量の大幅な減少と価格の高騰により、中国や韓国、ロシアからの安いシジミが輸入・販売されるようになりました。

このように、全国どこでもさまざまなものが大量に安く簡単に手に入るということは、人々に多くのメリットをもたらしますが、一方で次のような問題を引き起こすことにもつながります。

①どこで、どのように生産されたかが分からないので、安全性に不安がある。

②旬や季節ごとの伝統的な食文化が失われてしまう。

③地域の農業や水産業に悪影響を与える。

④大量に輸入することは多くのエネルギーを消費することであり、環境負荷が大きくなる。

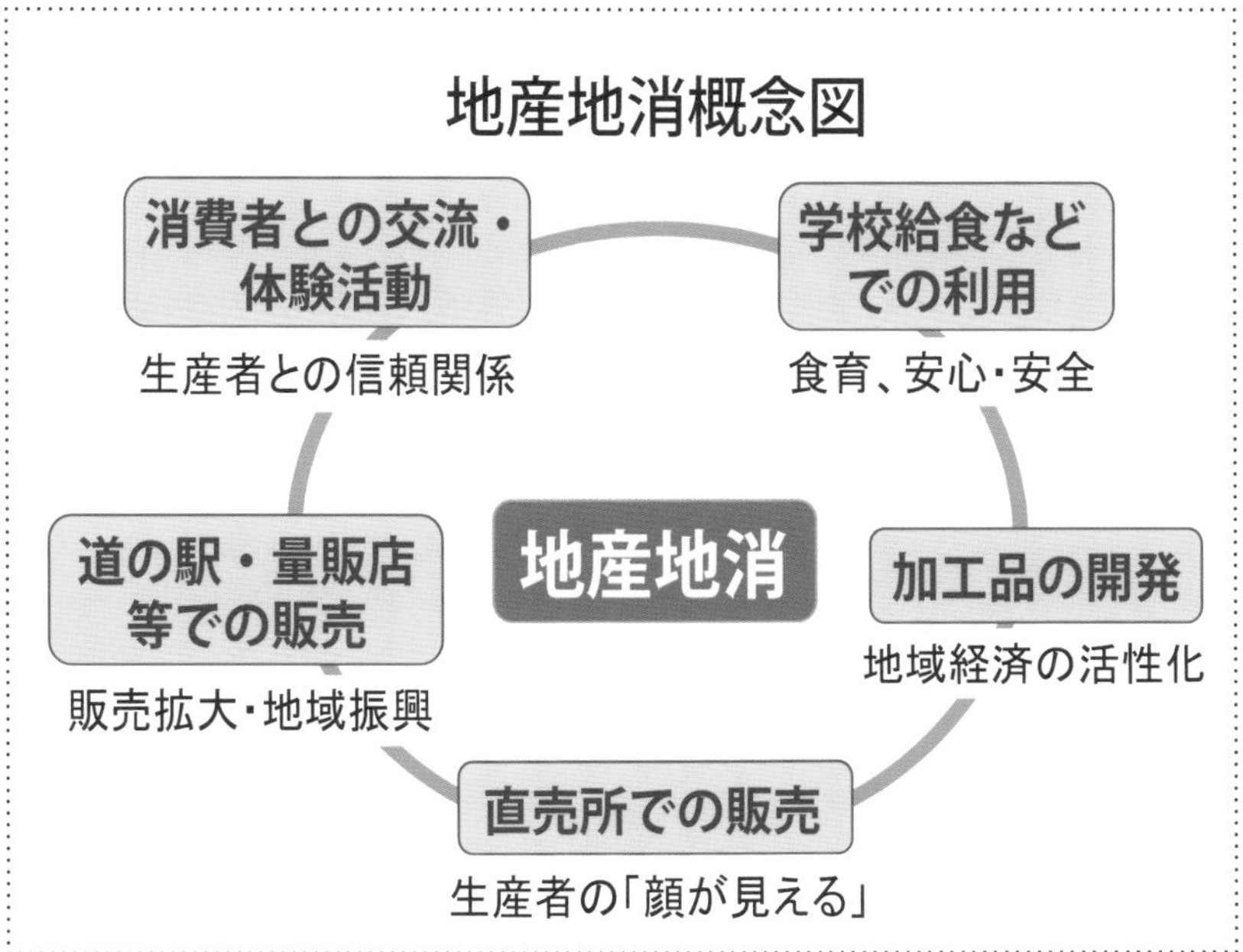

これらのことから、近年、消費者側の食物に対する安全・安心志向の高まりや生産者側の販売の多様化などにより、「地産地消」への期待が高まってきています（図参照）。

このように、地産地消の活動は、生産者と消費者とを結びつける取り組みであり、これによって食の安心・安全を守ること、さらに地域の農業や水産業の活性化を図る役割を果たします。

また、産地から消費者への距離が短ければ短いほど、輸送コストや鮮度などあらゆる面で有利です。

私たち島根県には宍道湖、神西湖の日本一のシジミがあります。私たちが日々シジミを食することが、地産地消の第一歩であり、そのことが地域の食文化を守り、漁業も守り立てることにつながっていくのです。

（日本シジミ研究所所長、水産学博士）

＝毎週掲載＝

地産地消概念図

地産地消

消費者との交流・体験活動
生産者との信頼関係

学校給食などでの利用
食育、安心・安全

加工品の開発
地域経済の活性化

直売所での販売
生産者の「顔が見える」

道の駅・量販店等での販売
販売拡大・地域振興

2016年12月14日付掲載

シジミ物語
汽水湖の恵み

□53■

〈中村　幹雄〉

サプリメント

正しく理解し利用しよう

最近の健康に対する意識の高まりに伴い、サプリメント（健康補助食品）に関する広告が、さまざまなメディアを通して私たちの身の回りに氾濫（はんらん）しています。

サプリメントの多くは、効果を得るために長期的かつ継続的に取り続けることを推奨しています。しかし、サプリメントは医療品と比べて規制がないため、健康への効果に対する情報などが科学的・医学的根拠に乏しいことが数多くあります。

そのため、サプリメントの販売は誇大広告になりやすく、これを防ぐため健康保持増進効果などについて「著しく事実に相違する」「著しく人を誤認させる」ような広告などを行うことが法律で禁止されています（健康増進法第32条の2）。

にもかかわらず、多くの広告では、有名芸能人などが出演し、見ている人にその効果があるようにうまく印象付けています。一方で、必ず画面の隅に「個人の感想であり、効果・効能を表すものではありません」などと付記して、うまく規制を逃れているように思います。

また、シジミに関連したサプリメントが非常に多く、その中で特にオルニチンに関した広告が目を引きます。商品によっては「シジミ３００個分とか５００個分のオルニチン」などとうたわれています。しかし、実はこのオルニチンは微生物による発酵法で作られたものであり、シジミから産出されたものではありません。

つまり、広告に書かれている健康に関する情報はその商品を販売するための広告であり、科学的根拠のある情報があったとしても、それは企業のための広告となっていることが多いので注意を要します。

こうした健康食品の基礎知識や有効性・安全性については、独立行政法人「国立健康・栄養研究所」のホームページで、中立的な立場で詳しく掲載されています。その中から、サプリメントに関する情報を簡単にまとめてみましたので参考にしてください（表参照）。

本来サプリメントの役割は、体が何らかの原因でその栄養素が不足している場合にそれを補うために必要とされるものであり、栄養不足でない人にとっては必ずしも必要ではないものと思われます。

大切なことは、サプリメントを正しく理解した上で、上手に選び使用することです。

（日本シジミ研究所所長、水産学博士）

＝毎週掲載＝

サプリメントを正しく理解しよう

質問	答え	説明
サプリメントは薬と同じ？	いいえ	薬とは品質・目的・利用法・表示など全く異なる。サプリメントの原材料は品質が一定でない場合が多く、健康への「効果」があいまいである。
「天然」「自然」だから安全？	いいえ	天然だからといって安全・安心とは限らない。含有成分のほとんどが正体不明である場合が多い。
有効成分が入っているのは体に効く？	いいえ	有効成分は製品になる段階でさまざまな影響を受けるため、材料の情報をそのまま製品に当てはめて考えることはできない。
体験談は信用できる？	いいえ	体験談は科学実験とは違い、根拠があいまいで捏造（ねつぞう）されている可能性もある。
専門家が勧めていれば安心？	いいえ	専門家が言っていたことが必ずしも有効性の証明にはならない。事実が正確でなかったり大げさに表現されている可能性がある。

2016年12月21日付掲載

シジミ物語 汽水湖の恵み

□54■

子々孫々に守り伝えたい

資源と漁業

〈中村　幹雄〉

今回から水産資源や漁業に関するお話に入ります。

まず初めに、皆さんにはシジミが何よりも優れた水産資源であり、シジミ漁業の振興は漁業者のみならず、私たちにとっても非常に大切であることを正しく認識していただきたいと思います。

シジミなど水産資源の研究や調査では、その資源生物の数や量が年々変動する原因の解明から始まり、そこに人間の漁獲活動や乱獲による資源への影響の問題、それに対する適正漁獲量や継続的な資源管理対策などが取り組まれてきました。

しかし近年、資源生物が生息する場の環境の悪化により、資源量が減少しています。また、漁獲による影響も資源生物に大きな影響を与えていることが明らかになってきました。

従って、現在は漁業と環境の相互関係を明らかにするのが水産資源学の大きな役割となってきています。

私は50年以上シジミの調査・研究を続けており、その中で特にシジミ資源と生息環境との相互関係について重点的に、調査・研究を行ってきました。

水産資源学は資源の水理学・統計学などコンピューター処理を主とする分野もありますが、やはり生態的な漁業生態学も欠かせない分野であり、双方を一つの学問として捉えるべきだと思います。

水産資源としてのシジミの特徴は、内水面漁業の中で唯一、それだけで生計を立てることができる漁業であることです。

宍道湖でのシジミ漁業の様子

アユやヤマメなどは遊魚として広く親しまれていますが、その漁で生計を立てている漁師はいません。シラウオやワカサギなども、近年は著しい資源の減少や漁期の制限などにより、それだけでは難しい状況です。

それに引き換え、シジミ漁業は宍道湖漁協でも290人もの漁業者がおり、私たちに宍道湖の恵みを提供してくれます。また、一年中漁獲可能である、大型漁具や人数を必要としない、操業時間が短いなど、他の漁業に比べて恵まれた条件がそろっています。

これがシジミ漁業の優れた面であり、シジミを知るにはシジミ漁業を知ることがとても大切なのです。

今後、子々孫々と守るべき大切なシジミ漁業の特徴・特性について、何回かに分けて皆さんにお伝えしていきたいと思います。

（日本シジミ研究所所長、水産学博士）

＝毎週掲載＝

2016年12月28日付掲載

〈中村　幹雄〉

□55■

生態系の復元・再生を

シジミの毎年の漁獲量の変化は、資源の状況を反映しているので漁業関係者にとっては最大の関心事です。また、宍道湖の漁獲量が日本一など、新聞でもたびたび取り上げられ、一般の人にとっても関心が深い事柄ではないでしょうか。

シジミの漁獲量の変化を見ると、昭和30年代は1万㌧台から3万㌧台まで急激に増加しています（図参照）。これは、高度経済成長に合わせて道路網の整備拡大や保冷車の普及、漁獲方法の改善などが相まってのことと思われます。そして、40年代はシジミ漁の全盛期で、毎年4万～5万㌧の漁獲量がありました。

しかし、50年代後半からは毎年減少を続け、60年代では3万㌧まで減少しました。年号が平成となってからも傾向は変わらず、2008（平成20）年には約1万㌧を切るまでに落ち込んでいます。

河川と湖沼で分けてみると、河川での漁獲量が著しく減少しています。これは、治水目的の河川の直線化やコンクリート護岸化、河口堰(ぜき)の設置などが主な要因と思われます。

特に、河川の漁獲量の9割を占めていた利根川や、主要産地であった秋田県の八郎潟で、30年代と40年代に国営事業による干拓や防潮水門設置によって、汽水域が淡水化されました。シジミが再生産できずに激減したことが大きく影響しています。

島根県の宍道湖でも国営の干拓・淡水化事業が推し進められていましたが、幸いにも途中で諸般の事情で中止になったおかげで、シジミ資源消滅の危機を免れることができました。

このように、かつて全国の河川・湖沼において大量に漁獲されていたシジミも、高度経済成長時に行われた各種の人為的な自然環境の改変により、生態系が乱れ漁獲量が大幅に減少してしまいました。

近年になってやっと、自然環境の健全性や生物多様性を目指して、生態系やその機能を回復・復元する機運の高まりとともに、国も生物多様性や河川法の改正など、自然環境保護に関する法律を制定しました。全国でさまざまな取り組みが行われています。

シジミ資源の回復には、河川や湖沼の生態系の復元・再生が最も重要であると私は考えます。

（日本シジミ研究所所長、水産学博士）

＝毎週掲載＝

漁獲量の変動

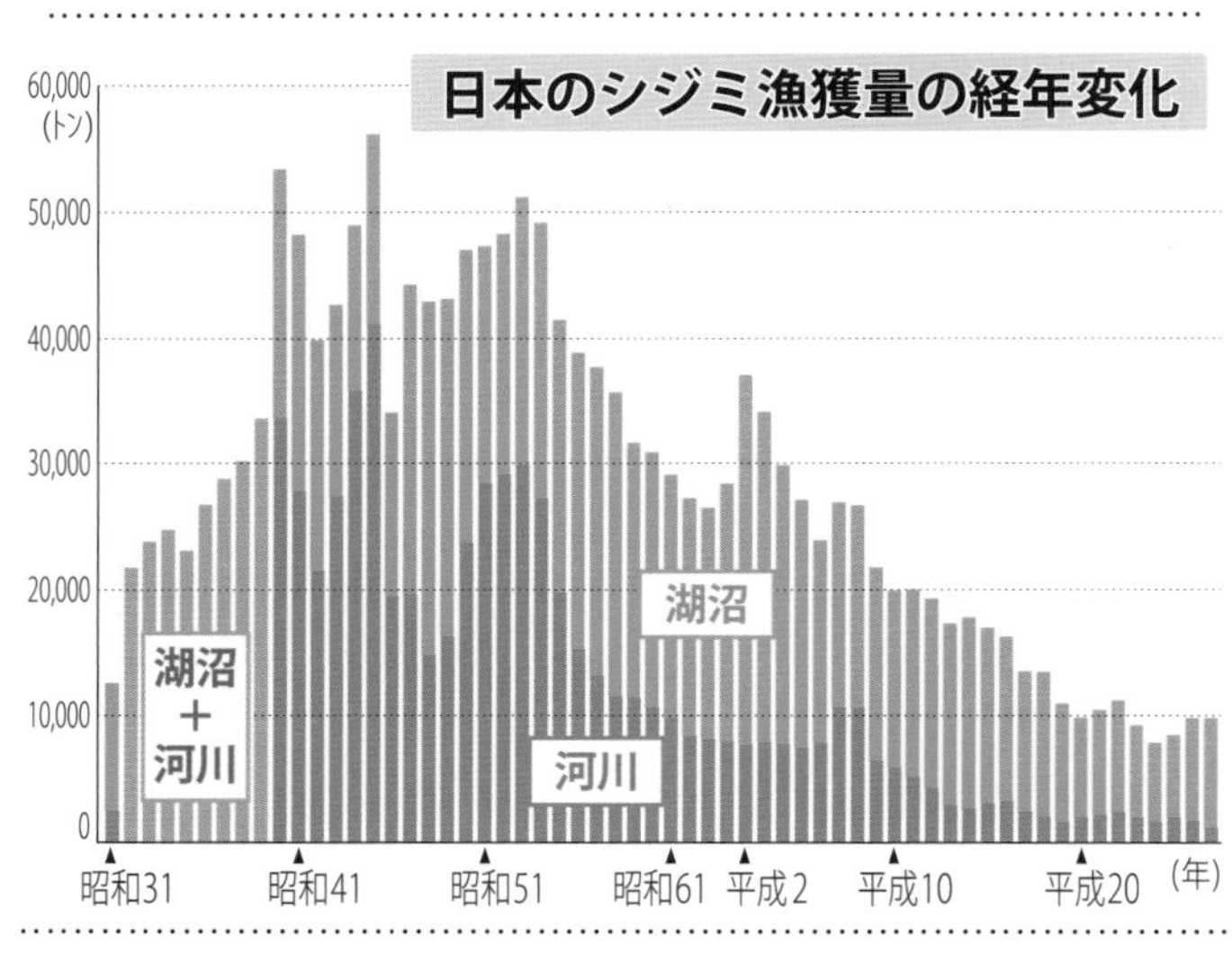

2017年1月11日付掲載

〈中村　幹雄〉

□56■

主産地

日本でヤマトシジミが漁獲されるのは、北海道から九州までの汽水湖や河口域の感潮域など、海水と淡水が混ざり合う汽水域です。

現在、シジミ漁業が行われている主産地は、湖沼では北から網走湖、十三湖、小川原湖、涸沼、東郷湖、湖山池、宍道湖、神西湖などです。また、河川では手塩川、木曽三川、涸沼川、那珂川などです（図参照）。

かつて日本のシジミ三大産地は八郎潟、利根川、宍道湖とされていました。しかし、前回もお話した通り、昭和30年代から始まった高度経済成長の開発工事に伴う人為的環境変化により、多くの河川や湖沼のシジミ資源が激減しました。

特に資源が消滅までしてしまったのは、秋田県の八郎潟（現在の八郎湖）、茨城県の霞ケ浦・北浦、石川県の河北潟などです。

利根川、八郎潟で資源消滅

これらの湖は、農地造成と農業用水の確保、工業用水や飲み水に使用する目的で、汽水湖から淡水湖に変わりました。このため、シジミの再生産が不可能になり現在、シジミは消滅しています。

そして利根川をはじめ、全国各地の大きな河川では、主として農業用水や工場用水として利用するため、河口堰（ぜき）が建設され、堰の上流は海水の遡上（そじょう）が阻止され淡水域となりました。また下流域は治水のため、川底は浚渫（しゅんせつ）され、護岸はコンクリート化・直線化により垂直になり、シジミの生息場としては適さなくなってしまいました。

また最近では、かつて「べっこうシジミ」のブランドでシジミ漁が盛んだった宮城県の北上川が、２０１１年の東日本大震災で河床が下がり、河川の塩分が濃くなり過ぎてしまいました。その後、大量の放流措置を講じたにもかかわらず、現在、壊滅に近い状態になっています。

日本のヤマトシジミの主な生息地

パンケ沼　ポロ湖　天塩川　藻琴湖　石狩川　網走湖　風蓮湖　高瀬川　十三湖　小川原湖　八郎湖　阿賀野川　北上川　三方五湖　那珂川　東郷湖　涸沼　宍道湖　湖山池　北潟湖　利根川　神西湖　江戸川・中川　太田川　吉井川　荒川　佐鳴湖　多摩川　筑後川　木曽三川　吉野川　菊池川　一ツ瀬川　大淀川

一方、鳥取県の湖山池では12年に防潮水門を開放し海水を湖に導入することにより、シジミ漁がおよそ30年ぶりに復活しました。現在26人の漁業者が操業しており、これからのシジミ漁の発展が期待される、非常に希少な事例となっています。

このように、シジミ資源はその生息場所の環境によって、大きな影響を受けます。従って、シジミ資源を増やすために何よりもまず、シジミが生息できる健全な生態系の保全・再生が大切であると思います。

（日本シジミ研究所所長、水産学博士）

＝毎週掲載＝

2017年1月18日付掲載

シジミ物語 汽水湖の恵み

□57■

〈中村 幹雄〉

資源増減の原因解明を

宍道湖の漁獲量

今回は宍道湖のシジミ漁獲量と社会的背景の変遷について、戦後から現在までを年代別にまとめました（図参照）。

「1940年代」。戦後の混乱期で食糧増産が国家的使命であり、農業中心の政策が多く、漁業に力を入れることがありませんでした。そのため、漁師も少なく、シジミ漁も盛んではありませんでした。また、漁船やエンジンも小さく、手がきが主であり、漁獲量はわずかに年間200トン程度でした。

「1950年代」。高度経済成長期で、漁船にディーゼルエンジン導入、保冷車導入、漁法の開発（なわかけ）などの技術の飛躍的な向上で、漁獲量が急速に増加しました。

「1960年代後半～70年代」。高度経済成長期のツケが回り、河川・湖沼の水質悪化、公害による体内への重金属の蓄積などの問題が取り沙汰され、シジミの需要が減少すると同時に漁獲量も減少しました。

同時期、全国の漁獲量の約8割を占めていた利根川河口に水門が設置されシジミが激減し、首都圏ではシジミ不足になりました。

そこで、宍道湖のシジミの需要が高まり、その要求に応えるため、第2次漁法改革と呼ばれる「つなかけ」漁法が開発され、漁業者も増え、一気に漁獲量が年間約2万トンまで跳ね上がりました。

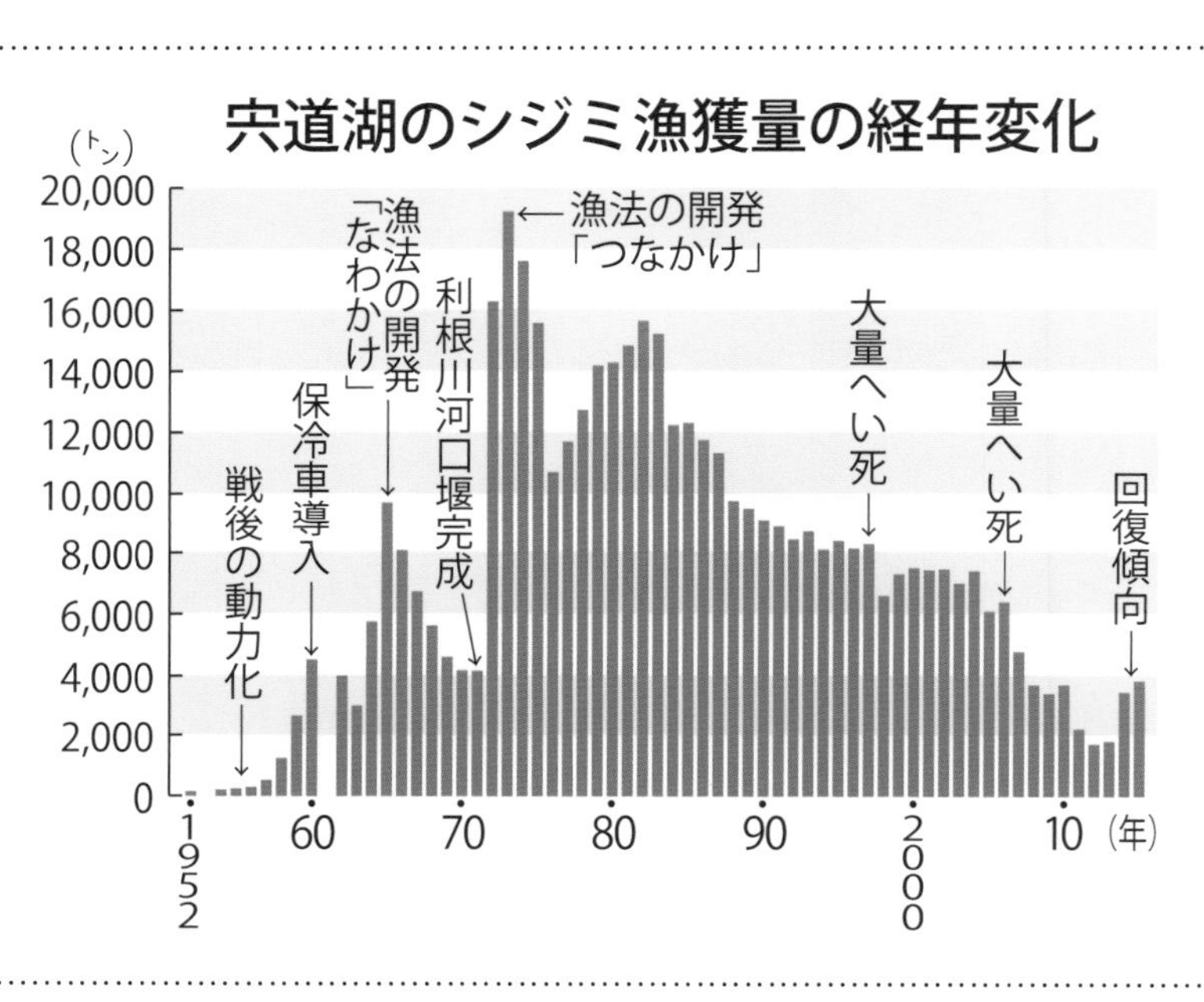

「1980年代」。富栄養化による水質・底質の悪化と、漁獲量の増加による乱獲の影響が見え始めます。

そのため、自主的に漁獲量の規制を行い、75年には1人1日当たり400キロ、その後も制限を強め、84年には150キロまで制限しました。

「1990年代」。漁獲量は1万トン前後と比較的安定しており、併せてシジミの価格も上昇を続けたため、安定した漁業が続きました。

「2000年代～現在」。良好な漁業状態が続いていましたが、1997年7月に、これまでに記録がないほどの大量のシジミがへい死しました。その後、漁獲量は意外と早く回復しますが、再び2006年8月に大量へい死が起こり、以降13年まで減少が続きました。14年以降は再び回復傾向が見られています。

この戦後から現在に至る資源の増減の真の原因を、科学的に解明することが非常に重要です。

（日本シジミ研究所所長、水産学博士）

＝毎週掲載＝

2017年1月25日付掲載

〈中村　幹雄〉

□58■

質を高めて価格上昇を

シジミの価格はその漁獲量や需要の大きさによって、絶えず変化します。1956年から2013年までの価格の変化を見てみると、過去から現在まで、年々大変な勢いで上昇を続けていることが分かります。(図参照)

年代別に分けてみると、1キロあたりの単価は、1950年代はわずか7円程度でした。当時、あんパン1個が10円前後でしたので、現在と比べると信じられないくらい安価なものでした。

その後60年代は8〜22円、70年代は12〜135円、80年代は156〜335円、90年代は254〜460円、2000年代は405〜604円、10年代は611〜644円と、価格はうなぎ上りに上昇してきました。

この価格急騰の背景には、国内のシジミ漁獲量の変化と需要の増大が大きく影響しています。

国内のシジミの漁獲量は、1950〜60年代の高度経済成長時代に伴う治水や利水のための各種人為的な開発事業、特に河川では潮止堰(せき)建設、湖沼では干拓・淡水化事業により、70年代以降に全国的にシジミ資源が減少しました。

一方、シジミの価格は、シジミ資源が減少するのに相反して年々上昇しました。これは、シジミに対する食品としての価値が徐々に高まり、需要が増えたことを物語っています。

そして、2008年をピークに最近は価格が若干低減しています。しかし、価格を公表している農林水産省の統計の数字に表れるのは、あくまでも全体的な一般価格の流れであって、シジミの価格は非常に流動的であり、かつ変動幅の大きいものです。

例えば、シジミの産地によって価格が異なります。また、漁獲量の少ない冬季と産卵前の旬の季節など季節によっても違いますし、大きなシジミ、選別の良いシジミなどは他のものよりも高くなっています。

これまで、ともすれば漁業者は人より多くシジミを採ることに、より力を注いで、シジミの質を高めて高く売るという努力が足りなかったように思います。

従って、これからはシジミの資源を有効かつ永続的に利用することを第一義にし、結果的に「より有利な、もうかる漁業」を目指すべきと思います。

(日本シジミ研究所所長、水産学博士)

=毎週掲載=

漁獲高

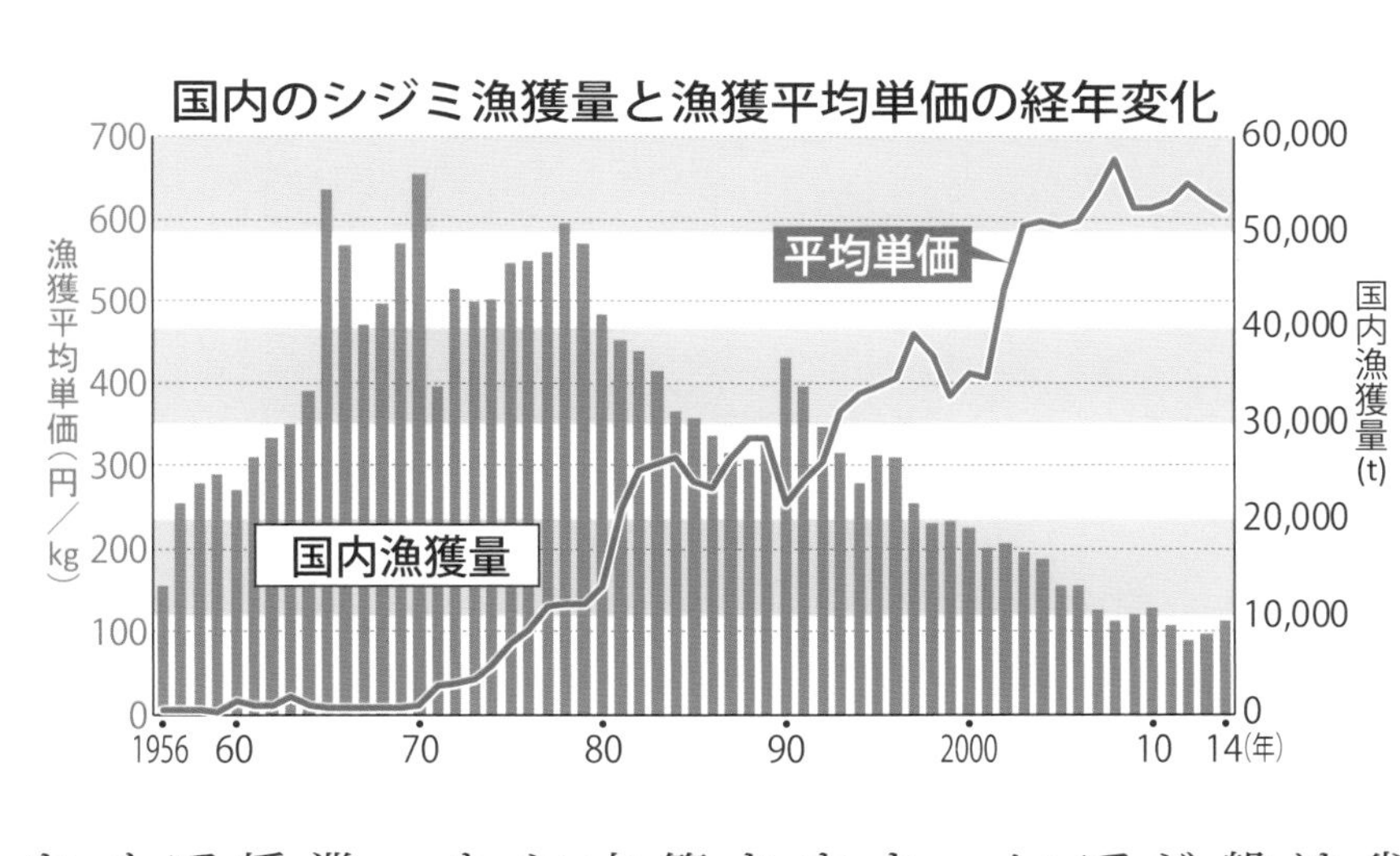

2017年2月1日付掲載

シジミ物語

汽水湖の恵み

□59■

〈中村　幹雄〉

科学的データで資源管理

シジミの資源管理の大きな目的は「シジミ資源をいかにして効果的に漁獲するか」ということです。この目的の達成には「生物的に見ていかに再生産を考え、かつ資源量の維持を考えるか」ということと「漁獲から得られる所得金額を最大化する」という二つの大きな命題をクリアしなくてはいけません。

漁獲量の規制

このような資源管理の基本的な考え方は、水産資源学の中で「余剰生産（資源動態）モデル」と呼ばれています。（図参照）

図より、ある年の漁獲資源量P_1と翌年の資源量P_2の間には加入量A、成長量G、漁獲量Y、自然死亡量Mとすると、式①$P_2＝P_1＋（A＋G）－（Y＋M）$という関係が成立します。

式①において、加入量A、成長量G、自然死亡量Mは人為的影響が及ばないもので、自然増加量Vとすることができます。

つまり、式②のようにV＝A＋G－Mとすると、漁獲量Yと自然増加量Vの関係は、漁獲量Yが自然増加量Vより大きければ、翌年の資源量は小さくなり、漁獲量と自然増加量が同じであれば、当年と翌年の資源量は同じで変わりません。また、漁獲量が自然増加量より小さければ、翌年の資源量は大きくなります。

余剰生産（資源動態）モデルの理論

■ $\underset{［翌年の資源量］}{P_2} = \underset{［当年の資源量］}{P_1} + (\underset{［加入量］}{A} + \underset{［成長量］}{G}) - (\underset{［漁獲量］}{Y} + \underset{［自然死亡量］}{M})$ ･･･式①

■ $\underset{［自然増加量］}{V} = \underset{［加入量］}{A} + \underset{［成長量］}{G} - \underset{［自然死亡量］}{M}$ ･･･式②

漁獲量Y ＞自然増加量V　なら　翌年の資源量P_2＜当年の資源量 P_1
漁獲量Y ＝自然増加量V　なら　翌年の資源量P_2＝当年の資源量 P_1
漁獲量Y ＜自然増加量V　なら　翌年の資源量P_2＞当年の資源量 P_1

従って、自然増加量に等しい漁獲量（Y＝V）を捕れば永続的な漁獲量を維持することができます。この時の漁獲量を「最大維持漁獲量（MSY）」と言います。

一方で、漁業者はなるべく多くシジミを漁獲したいという気持ちがあり、消費者はできるだけ多くのシジミを安く食べたいという要望があります。このような経済的条件や漁業経費を考慮した利益の最大化を目指す考え方を「最大経済生産量（MEY）」といいます。

MSYもMEYも資源管理の重要な理論です。しかし、現実には調査方法の難しさや複雑さもあり、加入、成長、死亡量についての正確なデータは持ち合わせていません。従って現状ではMSYの正確な検討は困難です。そのため、年間の漁獲量を制限している漁協はほとんどなく、1日当たりの漁獲量制限という形で行われているのが現状です。

今後、研究者は調査・研究を重ね、シジミの漁業管理に必要な科学的データを漁業者に提供することが必要だと思われます。私もシジミ研究者の一人として、その責任を重く受け止めています。

（日本シジミ研究所所長、水産学博士）＝毎週掲載＝

2017年2月8日付掲載

シジミ物語
汽水湖の恵み

□60■

〈中村　幹雄〉

資源管理には「我慢」必要

今日は、シジミの大きさや漁具の目合い（網目）を制限する資源管理の方法についてお話しします。

大きさの規制

シジミの大きさを制限する目的は、成長によって増重の期待される小さな貝（しかも商品価値が低い）を漁獲しないで資源を有効利用することです。またこれにより、再生産する親貝も保護することができます。

もう少し詳しく説明すると、シジミ資源の個体数は若齢ほど多く、年を経るごとに減少します。逆に個体の大きさは、若齢貝ほど小さく、年を経るごとに成長するため大きくなります。

従って、若齢の小型の貝の漁獲を制限することにより、生き残りの個体数は多くなり、かつ成長して大きくなるため資源量の増加が見込まれます（図１参照）。また、若齢の貝は価格も安いので大きくしてから漁獲すれば価格も高くなります。

さらに、シジミはある年齢に成長すると産卵し、個体数を増やします。そのため産卵前に漁獲すると再生に寄与する親貝の個体数が少なくなり、次の稚貝が少なくなってしまいます。産卵する年齢になってから漁獲すれば、次世代へ貢献するために十分な数の親貝が残せるという訳です。

この重要性は全国のシジミ産地で認識されています。一般に、シジミ漁業における大きさ（体長）制限は、それぞれの県の調整規則の中で定められていますが、ほとんどの漁協で県の規則にさらに「上乗せ」した独自の規制を行っています。

大きさを制限する方法として、多くの漁協では漁具のジョレンなどの目合いを10〜13ミリ以上と制限しています。ちなみに宍道湖ではジョレンの目合いは11ミリ（シジミの殻幅11ミリ、殻長約17ミリ）以上で、選別方法も細かく規制されています（図２参照）。

ジョレンの目合いの規制は漁協によっても異なり、とても難しい問題です。

お話したように、小さなシジミを獲らず大きなシジミを獲ることは、資源管理上有効であることは明白です。しかし一時的には、漁獲量の減少とそれに伴う水揚げ高の減少が予想されるので、漁業者の「我慢」が求められます。

従って、大きさや目合いの規制は、当事者が十分に検討して決定すべき課題と思われます。

（日本シジミ研究所所長、水産学博士）

＝毎週掲載＝

漁獲サイズを制限しない場合

1年目　2年目　3年目　4年目

漁獲サイズを制限した場合

1年目　2年目　3年目　4年目

漁獲しない　漁獲しない

図１　漁獲サイズ制限のイメージ図

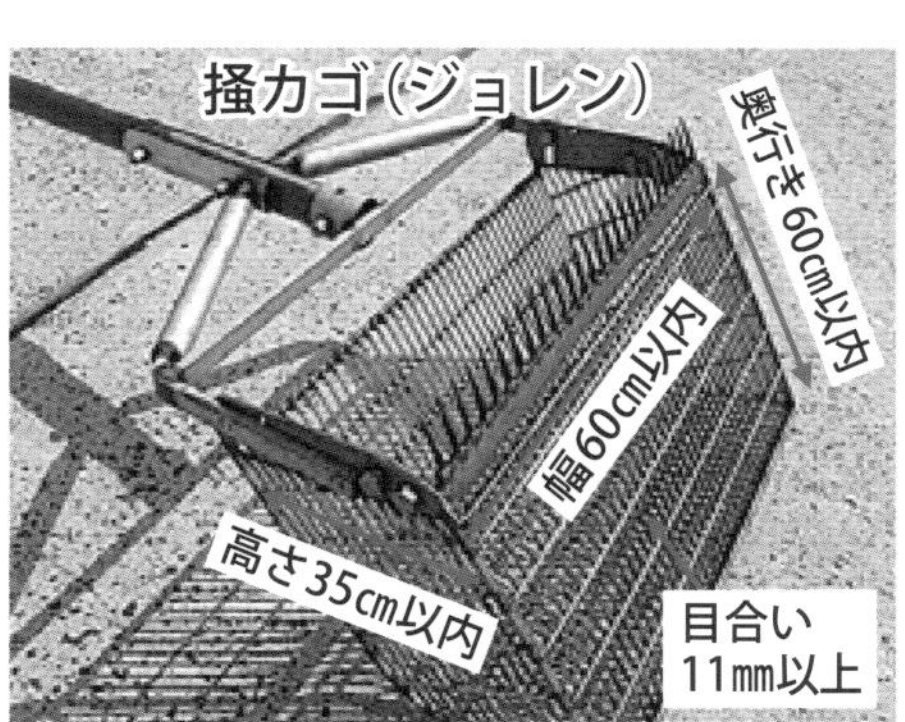

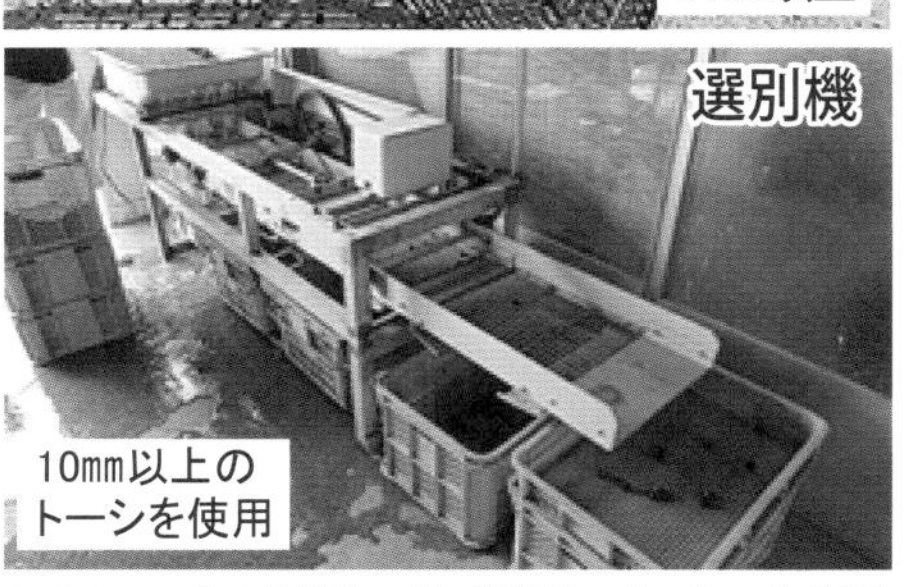

図２　宍道湖の漁獲サイズの制限

2017年2月15日付掲載

シジミ物語
汽水湖の恵み

□61■

漁獲圧を下げ乱獲防ぐ

〈中村　幹雄〉

操業方法に関する制限の目的は、シジミ資源に加わる漁獲圧を下げ、乱獲を防ぎ、適正と考えられる資源水準を保つことにあります。

漁法の規制内容としては、漁具の大きさを規制し、あまり効率の良すぎる漁具を制限することが一般的です。操業方法の規制内容は、各漁協が主体的に決めているため、それぞれの地域で内容は大きく異なります。

今日は代表して宍道湖における漁法の規制についてお話します。

操業方法の規制

宍道湖では漁獲道具であるジョレンの大きさを幅60センチ以内、奥行き60センチ以内、高さ35センチ以内、網の目合いは11ミリ以上と制限しています。また、桁曳（び）きや動力の使用は認められていません。現在、シジミ漁法として三つの漁法があります。

一つ目は「入りかき」です。水深の浅い砂場で漁業者自身が湖の中に入り、ジョレンに腰ひもを付け、後ろ向きに人力で引く方法です。大橋川や松江市役所前、玉湯町の一部でのみ見られます。

二つ目は「手がき」で、船を止めて船上から長いさおの先に付いたジョレンを引く方法です。時として水の流れや風の力を利用します。

三つ目は「機械がき（綱掛け）」で、ジョレンのさおにロープを掛けてそのまま船を動かして漁獲します。「機械がき」は前者二つに比べて操業効率が良いため、操業時間が1時間短く規制されています。機械がきは宍道湖の中で最も操業者が多く、多くの地区で広く見られます。

この他に漁船の大きさやエンジンの馬力も、安全性も踏まえて制限されています。

こうした規制範囲の中で、漁業者は場所や季節に応じてジョレンの爪の長さや角度、カゴの目合いや大きさ、ジョレンをひく速度など、それぞれの経験に基づき工夫しています。

今後、シジミの操業方法は時代によって、あるいは資源の状況によって変化が起こることも予測されます。

従って、乱獲を防ぎつつ永続的でかつ適切な漁獲を守るためには、その操業方法が適切であるか否かを、漁協や漁業者が主体となって十分かつ慎重に検討することが必要です。

（日本シジミ研究所所長、水産学博士）

＝毎週掲載＝

入りかき

手がき

機械がき

2017年2月22日付掲載

シジミ物語

汽水湖の恵み

□62■

〈中村　幹雄〉

資源管理と安全操業に必要

禁漁期間などの設定

今日は資源管理としての禁漁期間や休漁日、時間の設定についてお話します。

禁漁期間の設定は、ある意味、資源管理に有効な方法ですが、漁業者の生活に直接影響するため、よほど大きな理由がなければできません。

例えば、北海道のような寒冷地では、冬季に湖が結氷するため、操業が不可能になり、やむなく禁漁期間を設けています。

また、シジミにカビ臭が発生した湖では、商品価値の低下を懸念して、やむを得ず禁漁期間を設けたこともあります。

この他、資源の著しい減少への対策として、禁漁期間を設けることもあります。一例として、北海道パンケ沼では、資源が激減したため、2008年から資源の回復と保護を目指した覆砂や放流を始め、14年からはシジミ漁を全面禁漁して、現在も継続中です。

このような理由で禁漁期間は設定されることがありますが、多くの漁協では禁漁期間は設けていないのが一般的です。いずれにしても、全面禁漁は漁業者の負担を考えると、慎重に検討しなければなりません。

休漁日の設定は、禁漁期間制とは異なり、休漁による長期の収入減を緩和する役割を持っています。現在、休漁日設定は多くの漁協で一般化されており、産地の市場が休場する前日や土日を休漁日とする漁協が多くみられます。宍道湖では土日の他に水曜日も休む、週休3日制をとっています。

これは、漁獲量を規制する一つの方法でもあり、資源管理に有効です。さらに近年は休漁日を増やし、安全操業で健康管理を充実させ、若者にシジミ漁業が魅力あるものと考えてもらおうという狙いもあります。

また、1日当たりの操業時間の制限は、共販体制が実施されていない漁協にとって、1日当たりの漁獲量を制限するために有効です。

主なシジミ産地の操業時間は、午前中の4時間前後が多く、宍道湖では「入りがき」と「手がき」が4時間、「機械がき」が3時間となっています。また、操業開始時間も季節によって決められています。（図参照）

このような休漁日、時間の設定は、資源管理と同時に漁業者の安全・健康を守る意味でも有効であり、必要な手段だと思われます。

（日本シジミ研究所所長、水産学博士）

＝毎週掲載＝

宍道湖シジミ漁の操業時間・休漁日の規制

操業時間	1）1、2、3、11、12月…午前8～11時 2）4、9、10月…………午前7～10時 3）5、6、7、8月………午前6～9時 ※入りがき、手がきはそれぞれ1時間多く操業
休漁日	●週休3日（水、土、日曜日）制とする。 その他の休漁日については理事会とシジミ会において決定する

2017年3月1日付掲載

〈中村　幹雄〉

□63■

漁　業　権

取る権利とともに守る義務

これまでお話してきた、各漁協によるシジミ漁業の操業規制は、基本的には国の定める漁業法や、都道府県知事に免許された漁業権に基づいて定められています。

漁業法の目的は「漁業生産に関する基本的制度を定め、漁業者および漁業従事者を主体とする漁業調整機構の運用によって水面を総合的に利用し、もって漁業生産力を発展させ、あわせて漁業の民主化を図ること」とされています。この中で漁業権は「一定の水面において、特定の漁業を一定の期間、排他的に営む権利」とされています。

また、漁業権は物権的請求権(妨害排除、妨害予防)を有するものであるため、「その法律上の権利の保護を強化することを目的として、民法上の物件に生ずるものと同様の法的効果を発生させることとしたもの」であり、このような漁業を営む権利を侵害する行為は、漁業権侵害罪に該当することがあります。

このように漁業法で定められた内容をみると、漁業権は想像以上に強い権利であることが分かります。

そして漁業権は①定置漁業権、②区画漁業権、③共同漁業権の3種類に大別されます。(図参照)

①定置漁業権。大型の定置網を営む権利(ブリ定置網、サケ定置網など)。

②区画漁業権。一定の区域において養殖業を営む権利(カキ養殖、真珠養殖など)。

③共同漁業権。一定の水面を地元漁民が共同に利用して漁業を営む権利(シジミ、サザエ漁業など)。

つまりシジミの漁業権は③共同漁業権に該当します。

この共同漁業権の特徴は、他の二つの漁業権と違って漁業権の免許を漁協が受け、漁協自らは漁業を営まず、漁業権の管理のみを行います。そして、漁協の組合員が漁業権施行規則に従い免許された内容の漁業を権利として営むということであり、通称「組合管理漁業権」と呼ばれます。

従って、漁協は操業者の資格や規則を定め、漁業者はその規則に従わなければいけません。また、規則を破った組合員には漁協から罰則を科すことができます。

言い換えれば、漁協には限られたシジミ資源を守っていくことを前提としてシジミを取る権利が免許されていますが、その半面、シジミ資源を守り育てていく義務があるということを忘れてはならないと思います。

(日本シジミ研究所所長、水産学博士)

=毎週掲載=

漁業権の種類

①**定置漁業権**　ブリ定置網、サケ定置網
漁具を定置して営む漁業

②**区画漁業権**　カキ養殖、真珠養殖
一定の区域における養殖業

③**共同漁協権**　シジミ、アワビ、サザエ漁業
一定の水面を地元漁民が共同に利用して営む漁業
漁業権を管理する地元漁協にのみ免許

2017年3月8日付掲載

□64■

試行錯誤でさらなる実践を

〈中村　幹雄〉

資源管理の問題点

前回までに述べてきたように現在、全国のシジミ産地の漁協では、自主的にさまざまな操業規制を行い、シジミ資源の保護に取り組んでいます。

それぞれの操業規則を漁協が決める際には、本来ならば県の試験場や、国や大学などの研究機関からのシジミ資源管理に関する基礎資料があり、それを基に検討すべきものです。

しかし、残念ながら資源管理に関する十分な生態的、資源的な調査研究がなされていないのが現状です。この背景には、資源管理に関わる調査の難しさや複雑さがあります。

具体的に言うと、第一に正確なシジミ資源量の把握が困難であることが挙げられます。理由は、シジミは基本的に湖底に均一にいるわけではなく、パッチ状に潜在しています。このため、正確に全量採集することができず、データにばらつきが出ます。

また、生息環境に対する自然的変動や人為的変動が複雑に絡み、データを大きく左右することも誤差の原因となります。

第二に、近年特に、シジミに関する生態的、資源的調査が少なくなっているように思われます。このため、正確な数値を把握、または推定する十分なデータがそろっていません。

また、資源管理に必要な資源の加入量や成長量、自然死亡量などを把握するには生態的、資源的調査の充実に加え、時々起こる大量へい死や資源量の増減、乱獲などの原因を明らかにしなければなりません。しかし、現状ではその原因は分からないことだらけです。

中村幹雄編著「日本のシジミ漁業―その現状と問題点―」

第三は、従来の資源管理の理論（資源動態モデル）は、資源は平衡状態であり環境が安定していることを前提として組み立てられていますが、これには動的な観点が乏しいという大きな欠点があります。現実には、資源はあらゆる現象の積み重ねであり、絶えず動き変化しています。

このため、資源管理の理論が抽象的になり、あまり現実的ではないので、実際の現場では運用されないことが多いのです。

このように、資源管理にはさまざまな問題点があり、現状の資源管理では社会的、経済的要求が優先されていると思います。

今後は、より精度の良い資源調査技術の向上が必要であることはもちろんのこと、たとえ精度が悪く少ない情報からでも、漁業者の経験や知恵なども参考に、とりあえず試行錯誤で資源管理を実行していくことが大切だと思います。

詳しくは、中村幹雄編著「日本のシジミ漁業―その現状と問題点―」を見ていただくとより分かりやすいと思います。

（日本シジミ研究所所長、水産学博士）

＝毎週掲載＝

2017年3月15日付掲載

シジミ物語
汽水湖の恵み

□65■

〈中村　幹雄〉

日本シジミ研究所

フィールド調査を中心に

今回は「日本シジミ研究所」について紹介させていただきます。研究所は、日本で唯一のシジミの調査・研究を目的として設立された民間の研究所です。

今から15年前の2002年5月に、私は35年勤めた島根県内水面水産試験場を早期退職しました。組織から外に出て、自分一人で自由気ままに研究を続けたいという思いで、宍道湖湖畔に小さな研究所を設立しました。

当初たった一人で始めた研究所でしたが年々、生物や環境に興味のある若者が全国から集まり、現在は10人余りの研究員で調査・研究に励んでいます。

研究所の基本理念は、まず現場（フィールド）に出て自分の足で動き、目で見ることを何よりも大切にすることです。

現場（湖上）に出るには、まず船を使うことが必要になるため、職員全員が小型船舶免許を取得し、自ら船を操縦して調査を行っています。現在、当研究所では10隻もの調査船を所有しています。

湖に潜って調査する潜水調査も非常に重要です。潜水調査では、湖底で生息するシジミや底生生物の生息環境を直接観察することができます。また、湖底の泥を採集する時も、潜水して採泥器で直接、泥を採ることができ、精度の高いデータを収集できます。

さらに、水中写真やビデオ撮影も可能なことから、湖底の状況や水中の魚の動き、水草の繁茂状態など、さまざまな情報を正確に効率よく手に入れることができます。

日本シジミ研究所の仲間たち

このように、私はシジミの生態・資源調査には、調査船と潜水調査が必須であると考えています。

しかし、これらの調査では、調査船をはじめ、多くの調査器具に多額の費用がかかります。また、労力や時間も多く要します。その上、潜水調査はいつも大きな危険を伴うため、高度な技術と経験が必要であり、誰でもが簡単にできることではありません。

こうした理由もあり、近年、国や県の試験場、大学などでは、このような潜水を主としたフィールド調査は十分なされていないように思います。

そうした中、当研究所は本当に小さな小さな研究所ですが、フィールド調査を中心に、自由な立場で今後も調査・研究を続けていきたいと考えています。

（日本シジミ研究所所長、水産学博士）

＝毎週掲載＝

2017年3月22日付掲載

シジミ物語 汽水湖の恵み

＜中村　幹雄＞

□66■

資源保護に興味を抱いて

大切なもの

2015年9月9日より始まった「シジミ物語」が、今日で終了となります。読者の皆さまには全66回、1年半という長い間、つたない文章にお付き合いいただき、ありがとうございました。

私は40年以上もの長い間、シジミを調査・研究してきましたが、いつも心のどこかに、シジミがこんなに素晴らしく大切なものなのに、なぜ世間にあまり知られていないのだろうという不満がありました。

そうした折、ちょうど山陰中央新報での連載が決まり「少しでも多くの人にシジミについて知ってもらいたい」という思いで、浅学非才を顧みず筆を執りました。

執筆に対して私が常に心掛けたのは、図表や写真を使い、できるだけ分かりやすいものにすることでした。それでも振り返ってみると、研究者のさがでどうしても文章が理屈っぽくなったり、独り善がりになったりしてしまうことが多々ありました。

また、内容そのものが生物学、化学的で、専門用語などを使わざるを得ない場合があり、文章がどうしても論文調になったりしてしまうときもありました。読者の皆さまには、なかなか興味を持ちにくく、理解しにくい部分があったことと思います。

連載中には読者の方々から、「分かりやすかった」とか「ためになりました」などのありがたい言葉や、「最近、内容が難しい」「もっと面白くしてほしい」などのお叱りの言葉もいただきました。こうした読者からの言葉は何よりもうれしく、励みになりました。

私自身も、毎回皆さんにシジミのことを伝えると同時に、シジミを改めて見直す機会となり、とても良い勉強になった1年半でした。

最後に、読者の皆さまがシジミ物語の連載を通して、ますますシジミに興味を持ち、さらにシジミの資源保護にまで思いを巡らせていただければ幸いです。

（日本シジミ研究所所長、水産学博士）

＝おわり＝

日本シジミ研究所から見る宍道湖の夕日

2017年3月29日付掲載

あとがき

82歳の誕生日に本書が発行できたことを大変嬉しく思います。

無事に本書を発行することができたのは、多くの人々のお陰だと感謝しております。特に、調査研究を共にする日本シジミ研究所の職員・研究員の日頃の協力に深謝します。また、私の拙い原稿のために貴重な紙面を提供して頂き、かつ、今回の出版と販売を引き受けて頂いた山陰中央新報社に心よりお礼申し上げます。

中でも、新聞連載中にいろいろとご迷惑をお掛けした担当記者の和田守涼平さん、そして、発行の時にご心配頂いた出版部の杉原一成さんの労に感謝申し上げます。

最後に本書が、一人でも多くの人に読んで頂き、少しでもシジミに関心を持っていただければ、著者の望外の喜びとするところです。

〈追録〉

２０１８年77歳の喜寿に「シジミ学入門」、22年80歳の誕生日に「ヤマトシジミの生物学」と「川那部生態学に学ぶ」を出版しました。24年82歳の誕生日に、本書「シジミ物語」を発刊することができましたが、新聞連載は15～17年で記事の内容やデータが古くなっている場合があります。今回は当時の内容のままで出版することにしましたので、読者の皆さんにはお許しをいただければと思います。来年83歳の誕生日には、山陰中央新報で05～07年に連載した「中海の魚たち」と「宍道湖の魚たち」を一冊の本にする考えです。そして、その後には長年の念願である「改訂版　日本のシジミ漁業－現状と問題－」をなんとか出版したいと思っています。

２０２４年４月22日
82歳の誕生日にて

中村　幹雄

シジミ物語 ―汽水湖の恵み― 〈中村 幹雄〉

外部形態
シンプルな形の…

消滅の危機を乗り越えて
干拓淡水化事業

2009年に撤去された中浦水門

…秘的な発生メカニズム…

ヤマトシジミの発生ステージ

宍道湖は主に7〜

山陰中央新報

フィールド調査を中心に

日本シジミ…

山陰中央新報　2017年（平成29年）3月29日（水曜日）　くらし

資源保護に興味を抱いて
大切なもの

日本シジミ研究所から見る宍道湖の夕日

山陰中央新報　2015年（平成27年）9月9日（水曜日）

宍道湖漁獲量の98%
プロローグ　かけがえのない贈り物

宍道湖でシジミ漁をする漁師（資料）

シジミのみそ汁（上）とすまし汁

最長19年…
寿命と最大サイズ

Sサイズ　Mサイズ　Lサイズ　特大サイズ

25日はシジミの日

記念日登録証

「シジミの日」の記念日登録証と宍道湖でのシジミ漁風景

生息場所によりさまざま

図1：黒シジミ　図3：稚貝

シジミ漁が大きな役割
水質浄化

山陰中央新報　2016年（平成28年）7月27日（水曜日）

子どもに再び「水遊び」を
体験学習

体験学習

山陰中央新報　2016年（平成28年）7月6日（水曜日）

調査船で始まる湖沼研究
調査方法

湖上での調査の様子

著者プロフィール

中村　幹雄（なかむら　みきお）

水産学博士・日本シジミ研究所所長

1942年　島根県に生まれる
1967年3月　北海道大学水産学部水産増殖学科卒業
10月　日本青年海外協力隊に入隊　ケニア派遣
1970年4月　島根県水産試験場に採用
1997年4月　島根県内水面水産試験場　場長
12月　水産学博士取得（北海道大学）
2002年5月　日本シジミ研究所設立

主な著書　『ヤマトシジミの生物学』日本シジミ研究所
『講演集　川那部生態学に学ぶ』日本シジミ研究所
『シジミ学入門』日本シジミ研究所
『宍道湖と中海の魚たち』（編著）山陰中央新報社
『日本のシジミ漁業』（編著）たたら書房
『神西湖の自然』（共著）たたら書房
『宍道湖の自然』（共著）山陰中央新報社
『汽水域の科学』（共著）たたら書房

汽水湖の恵み　シジミ物語

2024年4月22日　初版発行

著　者　中村　幹雄
発　行　日本シジミ研究所
〒699-0204　松江市玉湯町林1280-1
電話0852-62-8956
販　売　山陰中央新報社
〒690-8668　松江市殿町383
電話0852-32-3420（出版部）
印　刷　まつざき印刷株式会社
製　本　株式会社オータニ

ISBN978-4-87903-262-1　C0045 ¥1000E